KB154114

우리가 교토를 사랑하는 이유

우리가 교토를 사랑하는 이유

서두르지 않고, 느긋하게
교토 골목 여행

송은정 지음

꿈의지도

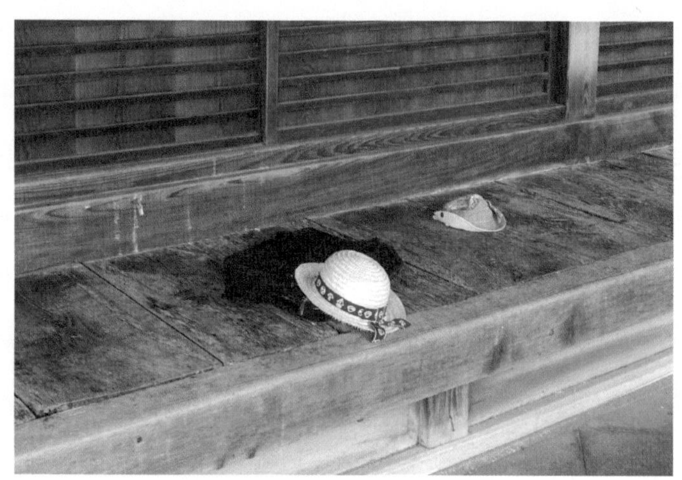

교토 여행자를 위한 안내

- 신용카드를 받지 않는 소규모 상점과 카페가 많습니다. 현금을 충분히 준비해 주세요.
- 부정기 휴무가 잦습니다. 방문 전 홈페이지와 SNS의 공지사항을 확인하길 바랍니다.

Prologue.

책에 소개된 대부분의 장소는 소란하지 않은 골목의 안쪽에 자리해 있습니다. 부부가 운영하는 카페, 소담한 그릇상점, 동네 터줏대감 빵집과 목욕탕, 800년 된 녹나무가 지키는 사찰. 부러 그런 곳을 찾아간 것도 아닌데, 하나같이요. 덕분에 평소보다 조금 더 오래 교토의 골목을 걸었습니다. 오래 걷는 동안 반려견과 산책하는 할아버지와 마주쳤고, 아이들이 뛰노는 놀이터에서 잠시 쉬어 갔습니다. 어디서나 보이는 흔한 자판기에서 다디단 캔커피를 뽑아 마시고, 비 내리는 오후에는 헌책방에 들러 책 읽는 도시인의 모습을 담은 흑백 사진집을 구입했습니다. 근사한 킷사텐에서 타마고산도도 즐겨 사 먹었고요. 사소해서 즐거운 여행이었습니다.

일본 도쿄를 배경으로 한 허우 샤오시엔 감독의 영화 〈카페 뤼미에르〉는 극적인 에피소드로 우리를 깜짝 놀래는 대신 주인공의 무료한 일상을 뒤따라갑니다. 그리고 이야기는 덜컹덜컹 흔들리는 노면 전차와 고서점, 부엌의 달그락거림, 차분한 대화로 느슨하게 연결됩니다. 교토를 여행하며 저는 영화의 어떤 장면을 종종 떠올렸습니다. 감히 비할 수 없지만 이 책이 영화의 속도와 닮았으면 하고 넌지시 바라봅니다.

서두르지 않고, 느긋하게.

목차

KYOTO
시치쿠
킨카쿠지
니시진
니시진오리회
료안지
닌나지
기타노텐만구
료안지역
기타노하쿠바이초역
묘신지역
교토교엔&기타노텐
아라시야마
하나조노역
엔마치역
우즈마사고류지역
니조조
고류지
란덴텐진가와역
니조역
시조오미야역
니시교고쿠역
니시혼간지
교토역
가츠라역
니시오지역
도지

교토부립식물원
슈가쿠인역
기타오지역
데마치야나기&기타오지
이치조지역
자야마역
다다스노모리
모토타나카역
도시샤 대학
데마치야나기역
이마데가와역
교토대학교
교토교엔
긴카쿠지
긴카쿠지&기요미즈데라
마루타마치역
철학의 길
진구마루타마치역
헤이안진구
오카자키 공원 · 교토시교세라미술관
교토시야쿠쇼마에역
가라스마오이케역
난젠지
히가시야마역
버드나무 가로수길
게아게역
산조역
쇼렌인
니시키 시장
기온
마루야마 공원
시조역
기온시조역
가와라마치역
가와라마치&기온
고조역
기요미즈고조역
기요미즈데라
다카세가와 옛 수로
히가시혼간지
시치조역
산주산겐도
토역&고조
교토역
도후쿠지역
도지역
도바카이도역
주조역

1

우리가 교토를 사랑하는 이유

커피와 오니기리, 고양이가 있는 마을

철학의 길

언젠가 교토에서 한 달쯤 지내게 된다면 주저 없이 이 동네에 머무르리라 다짐한 적이 있다. 마을을 감싼 히가시야마東山의 완만한 능선이 주는 안도감과 소박한 분위기에 마음이 훅 기운 것이다. 시라가와 개천이 흐르는 길목에 식당과 카페, 서점, 꽃집이 옹기종기 모여 있는 정경은 또 어찌나 다정한지. 주민 행세를 하며 이곳저곳 기웃거리는 나의 뒷모습을 상상하는 것만으로도 다음 여행을 향한 기대감이 차올랐다.

히가시야마는 특정 산이 아닌 36개의 봉우리 일대를 일컫는 지명이다. 익히 알고 있는 긴카쿠지銀閣寺와 기요미즈데라清水寺, 고다이지高台寺 등의 명소도 히가시야마 주변에 뿔뿔이 흩어져 있다. 만약 일정 중에 스마트폰이 고장 나 더는 구글맵에 의지할 수 없게 되었을 때, 오직 감각만으로 방향을 가늠해야 할 때 저 멀리 능선, 그러니까 히가시야마가 보인다면 그곳이 동쪽일 확률이 높다.

사실 이건 내 경험이기도 하다. 지형지물을 이용해 방향을 가늠하는 사막의 베두인족처럼 나는 먹통이 된 스마트폰을 손에 쥔 채 능선을 바라보며 무작정 걸은 적이 있다. 다소 고생스럽긴 했어도 그날의 비자발적 방황이 남긴 교토의 공기와 소리는 내게 오래도록 남아 있다. 매사 안전제일을 외치는 사람이지만 적어도 여행자의 신분인 동안에는 안희연 시인의 표현처럼 "헤맴에 최선인 사람이고" 싶다.

긴가쿠지에서 철학의 길哲学の道을 따라 난젠지南禅寺로 향하는 코스

는 길다면 길고 짧다면 짧은, 하지만 어느 계절이든 걷고 싶게 만드는 아름다운 산책로다. 어느 쪽이든 배가 든든해야 걷는 기분에도 흥이 오르는 법. 나는 곧장 목적지로 내딛는 대신 시라가와 개천 쪽으로 방향을 틀어 오니기리 가게로 걸음을 옮겼다.

오랜만의 방문임에도 손님을 맞는 마스터의 목소리를 듣자마자 마치 어제의 일처럼 오니기리의 맛이 생생히 떠올랐다. 쌀밥의 단맛을 돋우는 짭조름한 소금기란! 수십 종류의 오니기리 중 두 개를 신중히 골라 주문하니 뜻밖에도 마스터가 나를 알아보는 듯한 표정을 지어 보였다. 온전한 기억은 아니었지만 그럼에도 놀랍고 고마운 마음이 들었다. 추억하는 쪽은 대개 여행자이고 반대의 경우는 흔치 않으니까. 나 역시 마스터와 나눈 과거 어떤 날의 대화를 또렷이 기억하고 있었다. 왜 자신의 가게엔 서울 사람들만 오냐고 묻던 그의 엉뚱한 궁금증 같은 것들을.

다시 철학의 길로 돌아갔을 땐 빛이 노랗게 휜 무렵이었다. 도중엔 예닐곱 마리의 고양이와도 잠시 시간을 보냈다. 나무 밑동과 바위 아래, 풀숲 사이 고개를 돌리는 곳마다 작은 기척이 느껴졌다. 알고 보니 인근 주민들이 함께 보살피는 고양이들이라고 한다. 그곳에서 한참을 서성이던 나는 포근한 햇볕 방석 위에 자리를 튼 고양이 옆에 슬그머니 다가가 앉았다. 유난히 편안해 보이는 고양이 시선을 좇아가자 그 끝에는 비눗방울을 후후 불고 있는 어린 여자아이와 엄마가 서 있다.

아오 오니기리 青おにぎり

꼼꼼한 손맛으로 빚은 오니기리(삼각 주먹밥)를 내주는 작은 식당. 키마카레, 크림치즈, 매운 멸치볶음 등 여러 속재료 중에서도 마스터가 꼽은 클래식 메뉴는 연어가 들어간 사케 오니기리サケおにぎり. 입술 안쪽에 닿는 짭조름한 소금과 포슬한 밥알이 입안 가득 차오르면 발가락 끝 손가락 끝까지 충만함이 뻗친다. 아쉽게도 현재는(2023년 기준) 포장 판매로만 운영하고 있다. 식당 곳곳에서 푸른 도깨비가 눈에 띄는 건 '아오 오니기리'와 푸른 도깨비란 뜻의 '아오 오니青おに'의 발음이 닮아서라고. '아오'는 주인 아오마츠 씨의 성에서 따온 것이다.

Data

주소 京都市左京区浄土寺下南田町39 **운영시간** 10:00~소진 시 마감
휴무일 월, 화, 부정기
메뉴 연어 오니기리, 크림치즈 명란 오니기리クリームチーズたらこ
전화 075-201-3662
홈페이지 aoonigiri.com
SNS instagram.com/aoonigiri

사이쇼쿠 코사기샤 菜食 光兎舎

이토록 호기심 어린 자세로 채식 요리를 즐겨 본 적 있을까. 다양한 조리법으로 요리한 열 가지 남짓의 채소와 포타주, 샐러드, 츠케모노로 구성된 런치 플레이트ランチプレート는 한입씩 꼭꼭 씹으며 식재료의 맛과 식감을 음미하는 재미가 있다. 눈을 즐겁게 하는 화사한 플레이팅 덕분에 채식 요리에 대한 부담감도 한결 누그러든다. 아오모리에서 자란 사과로 만든 주스, 홈메이드 시럽을 사용한 소다 등 음료와 디저트 역시 베지테리언 레시피를 따랐다. 나무 소재의 소품, 도자기로 은은하게 멋을 낸 공간과 음식이 조화를 이루는 덕분에 머무는 동안 몸과 마음이 편안한 곳. 간판이라곤 건물 외벽에 작은 명패를 달아둔 것이 전부라 서둘러 걸었다간 지나치기 십상이다.

Data

주소 京都市左京区浄土寺上馬場町113 木のビル 2F **운영시간** 11:30~15:00
휴무일 일~화 **예약** 전화 · 이메일 예약 필수 **전화** 075-761-7707
이메일 kousagisha@gmail.com **SNS** instagram.com/s.kousagisha

스윔폰드 커피 Swimpond Coffee

허공에 천천히 원을 그리며 커피를 내리는 움직임에 위로를 받는 마음이란 무엇일까. 여섯 자리 남짓의 작은 카페가 주는 여운에 대해 생각한다. 중년 부부가 운영하는 스윔폰드 커피는 카운터석이 전부인 미니멀 구조다. 자칫 부담스러울 수 있을 가까운 거리감은 신기하게도 편안함으로 다가온다. 물 흐르듯 움직이는 두 사람의 자연스러운 호흡이 건너편 손님에게도 전해진 게 아닐까. 마을 주민으로 보이는 할머니와 조근조근 나누는 말소리 역시 평화로운 배경음악이 되는 곳. 교토의 유명 로스터리 카페 미에펌프의 원두로 내린 커피와 녹진한 치즈케이크는 다음 일정을 위한 기분 좋은 원동력이 된다.

 **Data**

주소 京都市左京区浄土寺馬場町1-4
운영시간 08:00~17:00 모닝 08:00~12:00
휴무일 월, 화 **전화** 075-741-7395
SNS instagram.com/swimpond_coffee

모안 茂庵

교토에서 가장 아끼는 공간을 손에 꼽는 일은 너무도 어렵지만 그중 하나가 모안이라는 것만은 확실하다. '마을 안에서 산중의 운치를 즐기는 일市中の山居'을 모토로 한 모안의 풍경은 이 문장을 현실에 그대로 옮겨놓은 듯하다. 교토대학교와 긴카쿠지 사이의 요시다산吉田山 중턱, 울창한 숲에 둘러싸인 목조 가옥에 앉아 차를 음미하는 동안에는 잠시 이곳이 교토라는 사실조차 잊을 정도. 야트막한 언덕에서 내려다보는 동네 전경 또한 모안으로 향하는 길의 기쁨이다. 예약 우선제(홈페이지)로 이용이 다소 번거롭지만 그만한 가치가 있다.

 **Data**

주소 京都市左京区吉田神楽岡町 8 **운영시간** 12:00~17:00 (L.O 16:30) **휴무일** 월, 화 **전화** 075-761-2100
홈페이지 mo-an.com

네게는 있고,
내게는 없는 것

기요미즈데라

기요미즈데라처럼 교토의 유명 관광지 주변을 걷다 보면 교복 입은 무리를 종종 보게 된다. 아마도 수학여행을 온 학생들일 테다. 반 전체가 우르르 몰려다니기보다 친구들끼리 삼삼오오 그룹을 만들어 움직이는데 그 모습이 당차고 귀엽기만 하다. 관광지 중심으로 운행하는 라쿠버스의 뒷좌석 역시 대개는 학생들의 차지. 가만 지켜보면 이마에 맺힌 땀을 훑어내며 소곤소곤 대화를 나누거나 유리창에 머리를 콩 박고서 까무룩 잠들어 있다.

수학여행 온 학생들의 차림은 하나같이 수수하다. 추억의 똑딱핀과 펑퍼짐한 교복 치마(설마 유행이려나), 등을 훌쩍 덮는 커다란 백팩, 틴트는커녕 립밤 하나 바르지 않은 듯한 말간 얼굴, 멋없이 빽빽 민 머리까지. 20년쯤 앞선 과거에서 온 게 아닐까 싶을 만큼 익숙하면서도 생경한 차림이다.
하루는 횡단보도의 신호를 기다리던 중 교복 무리에 둘러싸인 적이 있다. 눈동자를 슬그머니 굴리며 아이들을 관찰하던 나는 느닷없이 슬프다가 다시 애틋해지고 마는, 알 수 없는 감정에 휩싸였다.

서른이 넘은 뒤로 관계를 대하는 나의 태도에 몇 가지 변화가 생겼다. 사사로운 오해와 다툼을 일으킬 만한 행동에 예민해졌고 무엇보다 더는 우정에 연연하지 않게 됐다. 베스트 프렌드나 소울메이트 대신 부담스럽지 않을 만큼의 응원과 조언을 나누는 친구 몇 명만을 곁에 두는 게 좋다. 하지만 가끔은 이런 의구심이 고개를 들곤 한다. 어쩌면 내가 인간관계를 화단의 장미처럼 예쁘고 보기 좋게 가꾸려 하는 것은 아닐까. 종잡을 수 없는 감정의 파도를 감당하기에 나는 너무 지친 것일까 혹은 두려운 것일까. 열일곱 살의 내게는 있고 지금의 내게는 없는 그것을 되찾고 싶은 마음은 독일까, 약일까.

기요미즈데라의 입구 앞에서 단체 기념사진을 찍던 학생들이 자리를 떠나고 나 역시 고다이지 쪽으로 자리를 옮겼다. 그곳에 가면 교토에서 가장 오래된 목탑인 호칸지 오중탑法観寺五重塔과 니넨자카二年坂가 한눈에 내려다보인단다.

전망 좋은 장소이니만큼 사람들로 북적이면 어쩌나 걱정한 것과 달리 주변은 한산했다. 한 발짝 뒤로 물러나 바라본 니넨자카의 풍경은 그 안에 섞여 있을 때보다 한결 편안하게 느껴졌다. 어깨를 부딪치지 않기 위해 애쓰느라 무심히 지나쳤던 행인 한 명 한 명의 사연을 상상할 여유마저 생긴다.

얼마간의 간격을 두고 서 있는 것. 때로는 그 적당한 거리감이 상대를 이해하는 데 도움이 될지도 모른다고 생각하자 마음이 금세 홀가분해졌다. 자리를 털고 일어난 나는 그 길로 이시베코지石塀小路의 호젓한 돌담길을 따라 나홀로 산책에 나섰다.

가와이 간지로 기념관 河井寛次郎記念館

공예 운동가이자 수집가 야나기 무네요시와 함께 민예 운동을 벌인 도예가 가와이 간지로의 기념관. 근대에 제작된 가구와 민예품에 관심이 많다면 기대 이상의 만족을 얻을 수 있다. 가와이 간지로의 작업장 겸 주거 공간이었던 마치야(옛 민가) 내부는 검소하지만 품위가 넘친다. 일상 속 평범한 물건의 미적 가치를 발견하는 일에 앞장선 그의 공간답게 질박한 그릇과 항아리, 의자, 소반이 집안 곳곳 눈에 띈다. 안쪽의 정원과 다실을 지나면 가와이 간지로가 실제로 사용한 대형 계단식 가마를 볼 수 있는데, 더 이상 불을 때지 않는 죽은 가마이지만 그 크기와 아우라에 감탄사가 절로 나온다.

Data

주소 京都市東山区五条坂鐘鋳町569 **운영시간** 10:00~17:00 (입장 마감 16:30) **휴무일** 월
입장료 성인 900엔, 고등학생 · 대학생 500엔, 초 · 중학생 300엔
전화 075-561-3585
홈페이지 kanjiro.jp

이치카와야코히 市川屋珈琲

도예가인 할아버지의 거처이자 공방이었던 200년 된 마치야를 카페로 개조했다. 실내로 들어서면 까마득히 높은 천장과 건물을 받치는 든든한 골격, 지붕 아래 듬직하게 서 있는 로스팅 기계가 눈길을 사로잡는다. 제철 과일이 듬뿍 들어간 샌드위치 키세츠노후르츠산도季節のフルーツサンド로 유명한 곳이지만 이곳에서 놓치지 말아야 할 메뉴는 다름 아닌 커피. 융드립으로 커피를 추출하는 마스터 이치카와 씨는 교토의 명물 카페 이노다 커피에서 15년간 근무한 실력자다. 이곳에서는 오카와리 커피おかわりコーヒー, 즉 리필 커피를 주문할 수 있다. 호젓한 분위기의 공간에서 오래도록 머물다 가길 바라는 마음에서라고.

Data

주소 京都市東山区渋谷通東大路西入鐘鋳町396-2
운영시간 09:00~17:00 **휴무일** 화, 둘째 · 넷째 주 수
전화 075-748-1354 **홈페이지** ichikawaya.thebase.in
SNS instagram.com/ichikawayacoffee

카기젠 요시후사 고다이지점

鍵善良房 高台寺店

이름도 먹는 방식도 생소한 쿠즈키리くずきり는 교토의 전통적인 여름 디저트다. 물에 녹인 칡가루를 굳힌 뒤 가늘게 자른 면을 달콤한 시럽(흑당/꿀)에 담가 먹는데, 입안으로 호로록 딸려오는 시원한 감촉이 별미다. 그늘에서 부채를 흔들며 열기를 식히던 옛사람들의 모습이 절로 그려지는 맛이랄까. 꿀보다는 흑당 시럽이 좀 더 감칠맛이 좋다. 15대째 영업 중인 화과자 전문점 카기젠 요시후사는 쿠즈키리를 가장 맛있게 먹을 수 있는 곳 중 하나다. 쿠즈키리의 심플한 맛과 멋을 강조하기 위해 나전칠기함을 사용하는 세심함에서 300년의 내공이 느껴진다.

Data

주소 京都市東山区下河原町471
운영시간 10:00~18:00
휴무일 수 **메뉴** 쿠즈키리, 기비모치 젠자이 きび餅ぜんざい
전화 075-525-0011
홈페이지 kagizen.co.jp

기온 오하기 오타후쿠 ぎおん おはぎ 小多福

기요미즈데라 주변을 부지런히 둘러보았다면 오하기おはぎ로 출출해진 배를 달래보자. 동그랗게 뭉친 찹쌀밥을 팥소로 감싼 오하기는 얼핏 떡과 비슷해 보이지만 쌀알을 빻지 않아 쫀득한 주먹밥을 먹는 느낌에 가깝다. 오타후쿠의 오하기는 니넨자카를 걸으며 먹기 딱 알맞은 한입 사이즈. 가장 기본인 코시앙(으깬 단팥), 키나코(콩가루)를 비롯해 베리, 코코넛&핑크페퍼, 앙버터, 호지차라떼 등 계절을 반영한 12종의 오하기 라인업은 오직 이곳에서만 맛볼 수 있다. 기온에 있던 오하기 가게를 물려받은 젊은 주인의 야심이 느껴지는 맛.

Data

주소 京都市東山区下弁天町51-4 **운영시간** 11:00~17:00
휴무일 월, 화 **전화** 090-7908-5111 **홈페이지** otafuku-ohagi.jp
SNS instagram.com/otafuku.ohagi

주말 오후의 모범 답안

헤이안진구 · 오카자키

《나는 걷는다, 끝》은 저자 베르나르 올리비에와 그의 연인 베네딕트가 프랑스 리옹에서 터키 이스탄불까지 3천 킬로미터에 이르는 길을 도보로 여행한 이야기를 담은 책이다.

텍스트로만 빼곡히 채워진 3백여 쪽의 여정은 따분하리만큼 단조롭다. 어느 도시에서 길을 시작해 어떤 도로를 통과했고, 무엇을 먹었으며, 몇 시쯤 목적지에 도착했다는 내용이 계속해서 반복된다. 그러다 가끔은 길에서 만난 주민의 호의로 차를 얻어 마시거나 근사한 저녁을 대접받는 행운을 만나기도, 어느 날에는 비에 홀딱 젖은 채 하염없이 숙소를 찾아 헤매는 불상사를 겪기도 한다.

대단한 모험과 깨달음으로 여행이 완성될 것 같지만 실상 여행의 맨 얼굴은 이토록 헐겁고 단순하다. 두 사람의 여정은 어쩌면 그 사소함과 단순함에 대해 말해 주려는 건지도 모르겠다. 보고, 먹고, 느끼는 것이 전부인 하루. 잠깐의 인연과 헤어짐의 연속인 하루. 그런 하루하루를 어떤 태도로 받아들일 것인지는 오롯이 각자의 몫이다.

난젠지의 수로각에서 출발해 비와호琵琶湖 수로를 따라 오카자키 공원岡崎公園으로 향하는 길은 달리 특별하거나 새롭지 않았다. 별다른 즐길 거리 없이 대로변을 따라 묵묵히 걸을 뿐이다. 물론 예외는 있다. 수로의 수면 위로 벚꽃과 하늘이 눈부신 그라데이션을 빚어내는 봄이라면 이야기가 달라진다. 짓코쿠부네十石舟라는 작은 유람선을 타고 뱃놀이를 즐기는 호사 역시 이 시기만의 반짝이는 이벤트. 입을 꾹 다

문 채 목적지를 향해 걷기만 하던 내 얼굴에도 설렘이 스친다.

헤이안진구平安神宮의 거대한 오렌지빛 오도리를 통과하자 오카자키 공원과 교토시교세라미술관, 츠타야 서점이 차례로 시야에 들어오기 시작했다. 수로로 둘러싸인 이곳은 내게 평화로운 주말 오후의 모범 답안 같은 장소로 남아 있다. 왁자지껄 소프트볼을 하는 아이들과 목마를 탄 소녀, 보호자 곁에서 나란히 산책하는 시바견, 이어폰을 꽂은 채 섬처럼 떨어져 앉아 있는 어린 어른들의 모습은 어느 계절이든 한결같아서 이곳에 올 때마다 나는 묘한 안도감에 빠지곤 했다. 마치 눈에 보이지 않는 문 하나를 열고 들어선 것처럼. 오카자키 공원 안에선 불행도 잠시 쉬어가는 기분이 든다.

미술관과 굿즈숍, 카페, 서점 등 다양한 문화공간이 한데 모여 있는 이곳에선 하루의 절반을 보내도 아쉬움이 없다. 한 달에 한 번 열리는 헤이안 앤티크 마켓(헤이안노미노이치平安蚤の市)도 여기 오카자키 공원에서 열린다. 아침 8시부터 문을 여는 츠타야 서점과 스타벅스는 부지런한 여행객에게 환영받는 장소일 테다. 관광지를 제외한 대부분의 상점과 카페가 오전 느지막이 오픈하기 때문이다. 참고로 수로 주변을 산책한 뒤 츠타야 서점에서 교토에 관한 서적 섹션을 꼼꼼히 살펴보는 것은 여행 둘째 날을 맞이하는 나만의 루틴. 본격적인 일정을 시작하기 전 교토의 근황을 묻는 시간인 셈이다.

무던한 하루의 끝 무렵 내게도 뜻밖의 호의가 찾아들었다. 니오몬도리仁王門通의 후미진 골목에 있는 작은 식당에서의 일이다. 늦은 저녁을 먹고 있던 내게 옆자리의 여성이 맥주 한 잔을 사고 싶다며 말을 걸어오는 게 아닌가. 손님은 우리 둘뿐 고심 끝에 제안했을 그녀의 호의를 거절하고 싶지 않았던 나는 좋다는 의미로 크게 고개를 끄덕였다. 술 한 모금에 얼굴이 새빨개지고 마는 나의 속사정은 비밀로 한 채로.

교토시교세라미술관 京都市京セラ美術館

1933년 신고전주의 양식으로 건립된 교토시교세라미술관은 과거와 현재가 맞물린 건물 내부를 둘러보는 것만으로도 의미가 있다. 일본 공립 미술관 중 가장 오래된 건축물로 대규모 리뉴얼 프로젝트를 거쳐 2020년 재개장했다. 이곳의 히든 플레이스는 미술관 안쪽에 자리한 야외 정원이다. 파노라마처럼 펼쳐진 히가시야마 능선과 연못, 고요한 산책로는 오카자키 공원의 숨겨진 비밀 장소. 미술관 내 카페에서 판매하는 피크닉 세트를 예약하면 야외 공간에서 식사를 즐길 수 있다.

Data

주소 京都市左京区岡崎円勝寺町124
운영시간 미술관 10:00~18:00, 뮤지엄숍 10:30~18:30, ENFUSE CAFE 10:30~19:00
휴무일 월 **전화** 075-771-4334
홈페이지 kyotocity-kyocera.museum **SNS** instagram.com/kyotocitykyoceramuseum

그릴 고다카라 グリル小宝

'시대로부터 어긋난 가게'라고 설명한 3대째 주인의 인터뷰를 읽고 그릴 고다카라의 맛이 더욱 궁금해졌다. 이곳의 인기 메뉴는 얇게 구운 오므라이스オムライス와 햄버거 스테이크ハンバーグステーキ, 달콤새콤한 케첩 맛 스파게티. 1961년 창업 당시 유행했던 일본식 서양 요리를 그대로 재현한 것이다. 각 메뉴에는 조리하는 데만 무려 3주가 걸리는 특제 도비 소스(데미그라스 소스)가 끼얹어져 있다. 어디엔가 있을 것 같지만 어디에도 없는 세월의 맛을 찾기 위해 식당 앞은 365일 문전성시를 이룬다. 북적이는 와중에도 나홀로 여행객에게 4인석 자리를 내어주는 배려에서 식당의 철학이 느껴진다.

Data

주소 京都市左京区岡崎北御所町46 **운영시간** 11:30~20:30
휴무일 화, 수 **메뉴** 햄버거 스테이크, 오므라이스
전화 075-771-5893 **홈페이지** grillkodakara.com

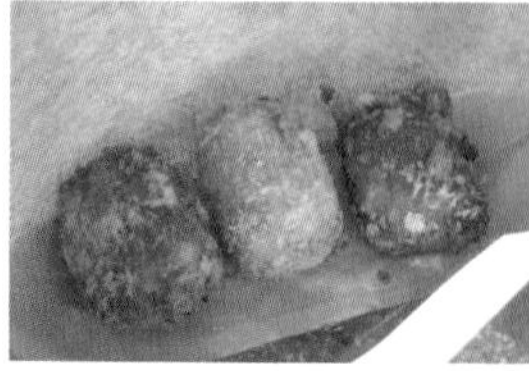

니시토미야 NISHITOMIYA

재단장을 마친 니시토미야 코로켓텐이 상호명을 바꾸고 새롭게 문을 열었다. 기존의 메뉴에 1천여 종의 내추럴 와인 리스트가 더해져 어른을 위한 본격 크로켓 비스트로가 완성된 셈. 블루치즈, 문어 갈리시아풍, 봄 양배추와 파르미지아노 등 신선한 제철재료와 요리법을 활용한 각각의 크로켓은 하나의 완성된 요리처럼 느껴진다. 크로켓과 술을 향한 애정으로 퇴사 후 식당을 오픈했다는 주인의 히스토리가 충분히 이해되는 맛. 바람이 선선한 오후라면 방금 막 튀긴 크로켓을 테이크아웃해 근처의 기온 시라가와를 걸으며 요기를 해도 좋다.

Data

주소 京都市東山区西町126
운영시간 런치 12:00~15:00, 디너 18:00~23:00,
포장 12:00~소진 시 마감 **휴무일** 부정기
메뉴 플레인プレーン, 블루치즈ブルーチーズ, 크로켓과 니스풍 샐러드コロッケとニース風 サラダ **전화** 070-8513-0452
SNS instagram.com/nishitomiya

타코토 켄타로 タコとケンタロー

'타코와 켄타로'라는 귀여운 이름의 타코야키たこ焼き 가게. 주택가에 자리해 있어 동네 주민과 학생들이 수시로 드나드는 정겨운 모습을 볼 수 있다. 주문을 하면 주인 켄타로 씨가 즉석에서 타코야키를 구워 주는데, 매실 과육, 소시지, 가리비, 치즈 3종 등 속재료에 따라 그 종류가 30여 개에 이른다. 그중 켄타로 씨가 자신 있게 추천하는 메뉴는 고명으로 구조네기(교토 특산 파)를 듬뿍 올린 타코구조たこ九条. 생문어 살이 말캉하게 씹히는 타코야키를 호호 불어 먹다 보면 순식간에 한 접시를 해치우게 된다.

Data

주소 京都市左京区 聖護院東町1-2 聖護院ハイツ 1F **운영시간** 11:00~23:00
휴무일 부정기 **메뉴** 타코야키, 타코구조 **전화** 075-771-4736
홈페이지 facebook.com/takotokentaro

이토록 쉽고
간단한 행복

진구마루타마치역

한동안 원에 대해 생각하곤 했다. 그것은 나를 둘러싼 동심원이다. 무엇이 우리를 둥글게 에워싸도록 할 것인가. 무엇에 영향을 받고 또 건넬 것인가.

원에 대한 나의 호기심과 질문은 라디오 PD이자 작가인 정혜윤의 글로부터 시작됐다. 그가 쓴 《뜻밖의 좋은 일》에는 발췌하고 싶은 대목이 수두룩하다. 그중에서도 존 버저의 작은 우주에 대해 쓴 부분은 수십 번도 더 반복해서 읽었을 것이다. 존 버저가 만든 작은 원, 그러니까 작은 우주에는 이런 것들이 담겨 있다.

그림, 음악, 시, 햇살의 기억, 바닷가의 나무에서만 나는 특별한 소리, 친구를 찾아가는 길, 한 다발의 꽃, 푸른 하늘 (중략)

얼마간 잊고 지냈던 작은 원을 다시 떠올린 건 가모가와鴨川 강변 벤치에서였다. 교토를 방문한 횟수가 어느 정도 쌓인 이후로는 가와라마치, 산조 같은 중심가보다 살짝 외떨어진 동네를 거처로 삼고 있다. 그중에서도 진구마루타마치역神宮丸太町駅 주변은 서울의 연남동이나 연희동이 떠오르는 곳이다. 작지만 자신만의 관점으로 운영하고 있는 멋진 로컬 상점이 골목마다 이웃해 있고, 여차하면 옆 동네 번화가까지 원정을 갈 수 있다는 점에서. 가까운 거리에 강이 있다는 점도 닮았다.

교토교엔京都御苑 담장과 가모가와 사이에 컴퍼스를 대고 작은 원을

그려보자. 동네를 거닐기 딱 좋을 만큼의 동선이 만들어진다. 일단 세이코샤 서점에 들러 눈에 띄는 매거진을 산 뒤 가모가와 카페로 향한다. 동네의 터줏대감과도 같은 이곳에서 가볍게 요기를 하는 동안 나는 잠시 다른 사람이 되어 본다. 아주 오래전부터 이곳에 살아왔던 사람처럼 노곤하게 시간을 흘려보낸다.

혼자만의 놀이가 지루해질 즈음엔 밖으로 나가 골동품점과 갤러리, 티하우스, 명상을 주제로 한 음반매장, 베이커리를 차례로 방문한다. 이곳에선 누군가 공들여 모은 물건의 이야기를 보고 들을 수 있다. 그렇게 동네를 한 바퀴 돈 뒤에는 다시 가모가와 카페로 돌아온다. 카페 건물 뒤편으로 난 좁은 골목 끝에 가모가와가 있기 때문이다.

망원동에서 보는 한강, 여의도와 잠원에서 보는 한강의 모습이 다르듯 가모가와 역시 위치에 따라 풍경이 변화한다. 진구마루타마치에서 보는 가모가와는 지극히 평범하고 일상적이다. 여기엔 햇살과 나무와 하늘이 있고 어깨를 맞대고 앉아 노을을 바라보는 사람들이 있다. 그 틈에서 새어 나오는 행복에 속수무책으로 물드는 내가 있고, 텀블러에 담아온 따뜻한 커피가, 집으로 나를 데려다줄 비행기 티켓이 있다. 나의 작은 원 안에는 이토록 쉽고 간단한 행복이 고여 있다.

커피 베이스 나시노키

Coffee Base NASHINOKI

사용한 물에 따라 차 맛이 달라지는 실험 영상을 본 적이 있다. 칼슘, 마그네슘 등 물에 함유된 성분의 차이 때문이다. 커피 베이스 나시노키는 교토의 3대 명수 중 하나인 '소메이의 물染井の水'을 사용한다. 3대 명수 중 현재까지 유일하게 샘솟고 있는 우물로 과거 찻물로 즐겨 썼을 만큼 달고 부드러운 맛을 띤다고 한다. 귀한 우물 물로 내린 드립커피 맛은 과연 어떨까. 예민한 감각의 소유자가 아니어서인지 여기만의 특별함을 감지하진 못했지만 그것만은 확실하다. 한갓진 경내의 옛 다실에 앉아 커피를 음미하는 순간만큼은 결코 잊을 수 없으리라는 것!

주소 京都市上京区染殿町680 나시노키 신사梨木神社 안 **운영시간** 10:00~17:00 **휴무일** 무휴 **전화** 075-211-0885
SNS instagram.com/coffeebase.nashinoki

가모가와 카페 かもがわカフェ

저렴한 런치세트와 늦은 밤까지 열려 있는 넉넉한 운영시간, 직접 로스팅한 하우스블렌드 커피, 다양한 종류의 디저트까지. 언제 어느 때 찾아가도 좋을 가모가와 카페는 믿음직한 친구처럼 든든한 공간이다. 몬드리안의 작품을 연상케 하는 원색의 스테인드글라스 창문과 유난히 높은 천장이 인상적인 이곳의 백미는 가파른 계단 위 다락방. 카페가 한눈에 내려다보이는 뷰의 다락에서는 소규모 전시와 소품 판매가 상시적으로 열린다.

Data

주소 京都市上京区西三本木通荒神口下る上生洲町229-1 2F **운영시간** 월, 화, 금 12:00~22:00(L.O 21:00), 수 12:00~18:00(L.O 17:00), 주말 12:00~23:00(L.O 식사 21:00, 음료 22:00), 런치 12:00~15:00
휴무일 목 **전화** 075-211-4757 **SNS** instagram.com/kamogawacafe

본느 볼롱테 bonne volonté

전국 톱 수준의 빵 소비량을 자랑하는 교토에서 빵집을 찾기란 편의점만큼 쉬운 일이다. 하지만 거대한 장작 가마를 갖춘 빵집은 거의 드물다. 본느 볼롱테에서는 하드 계열부터 패스츄리, 식사빵까지 모든 빵을 장작 가마에서 직접 굽는다. 대량 생산이 어려운 대신 빵마다 밀가루의 배합을 달리하며 고유의 풍미를 한껏 살린 심플한 맛을 추구하고 있다. 알찬 라인업 사이에서 가장 인기 있는 메뉴는 식빵과 바게트이지만 대개는 예약을 받아 빠르게 소진되는 편이다. 다행히 어느 빵이든 기본 이상의 맛을 보장하니 손 가는 대로 선택해 보자. 뜨거운 열기로 인해 8월에는 자체 방학을 가진다.

Data

주소 京都市上京区上生洲町229-1 **운영시간** 11:00~20:00
휴무일 일, 월 **전화** 075-213-7555

우추 와가시 테라마치텐

UCHU wagashi 寺町店

전통방식으로 제조한 라쿠간落雁을 현대적인 스타일로 재해석한 화과자 브랜드. 설탕과 곡물가루를 섞어 틀로 찍어 낸 라쿠간은 혀에 닿자마자 사르르 녹아내리는 달큰한 맛이 매력이다. 주재료로 쓰이는 와삼봉和三盆(사탕수수에서 추출한 즙을 특수 가공한 일본의 전통 고급 설탕)의 깔끔한 단맛이 여기에 한몫했다. 씁쓸한 말차와 더없이 어울리는 조합. 섬세한 기술력을 필요로 하는 라쿠간의 컬러와 형태는 보는 즐거움까지 신경 쓴 노력이 역력하다.

 **Data**

주소 京都市上京区寺町通丸太町上ル信富町307
운영시간 10:00~17:00 **휴무일** 화 **전화** 075-754-8538
홈페이지 uchu-wagashi.jp
SNS instagram.com/uchuwagashiteramachi

2

충분히 교토다운

이상형의 어른

기온

킷사텐喫茶店을 아시는지. 맞춤한 듯한 핏의 유니폼을 입은 마스터, 사이폰 혹은 핸드드립으로 내린 강배전 커피, 출입구의 신문 가판대와 자체 제작 성냥, 나폴리탄 스파게티 그리고 푸딩. 킷사텐은 20세기 초 일본 쇼와시대의 레트로한 분위기를 간직한 커피숍이다.

교토에 머무는 동안에도 하루 한 번은 꼭 킷사텐을 찾곤 했다. 그중 기온祇園에 위치한 야마모토 킷사는 통통 튀는 샛노란 차양막으로 먼저 기억되는 곳. 한적한 기온 거리를 누비다 허기가 밀려오는 타이밍에 맞춰 야마모토 킷사에 도착하면 본격적으로 아침을 맞는 기분이 든다.

메뉴 주문 역시 막힘이 없다. 타마고산도와 따뜻한 커피가 포함된 모닝세트! 혼자 온 손님의 특권인 카운터석도 흡족하다. 대용량 주전자로 핸드드립을 내리는 손목 스냅, 켜켜이 쌓아둔 접시마다 정량의 샐러드를 척척 올리는 숙련된 움직임. 물 흐르듯 이어지는 손놀림을 넋 놓고

STAND
マーガリン
LIPTON'S
LIPTON'S
YAMAMOTO
ブレンドコーヒー ¥400
アイスコーヒー ¥400
カフェオーレ ¥500
紅茶 ¥450
焼たまごサンド 単品 ¥600
サラダ+100円
ドリンク+200円
ードリンク付
てづくりプリンセット
¥750

보다 보면 어느덧 내 앞에도 김이 모락모락 나는 음식이 준비되어 있다.

어떤 장소들은 특정 시간대에만 만날 수 있는 고유한 장면을 지니고 있는 듯하다. 이른 아침의 킷사텐 또한 그렇다. 그곳에는 1인용 테이블이 있고, 수첩에 하루 일정을 정리하거나 종이신문을 정독하는 골똘한 얼굴들이 있다. 스마트폰 없이 오롯이 먹는 행위에만 집중하는 진지함이 있고, 타인의 몰입을 방해하지 않으려는 조용한 배려가 있다.

어제의 피로는 주머니 속에 넣어두고서 다시금 의연하게 하루를 시작하는 어른의 아침이란 이런 것일까. 무엇보다 자신의 아침 시간을 각별히 여기는 그 마음이 좋다. 나도 덩달아 기운을 얻는다. 닮고 싶은 어른의 모습이다.

야마모토 킷사에서 나온 뒤 시라가와白川와 개천을 따라 기온 신바시祇園新橋 쪽으로 방향을 잡았다. 관광객들의 발길이 뜸한 이곳에선 조급함 없이 멈췄다 섰다를 반복하며 걸음을 늦추게 된다. 앞에선 가느다란 외나무다리 위에 올라선 몇몇 커플이 사진을 찍고 있었다. 폭이 겨우 60센티미터인 시라가와잇폰바시白川一本橋 다리란다.

나 역시 기념 삼아 호기롭게 건너볼까 싶었지만 막상 발을 디디려니 덜컥 겁부터 난다. 반면 망설임 없이 좁은 다리 위를 성큼성큼 걷는 한 남자. 수년간 이 길을 오간 동네 주민이겠지. 당차게 발을 내딛는 모습이 감탄스럽다. 이렇게 닮고 싶은 어른이 수시로 늘어만 간다.

Data

주소 京都市東山区鷲尾町524
운영시간 식사 11:30~13:00,
카페 11:30~L.O 17:00
휴무 화 **메뉴** 시구레 벤토
(홈페이지 예약 필수), 말차 파르페,
와라비 모치 **전화** 075-744-6260
홈페이지 kikunoi.jp
SNS instagram.com/salon_de_muge

살롱 드 무게 Salon de muge

미슐랭 3스타를 획득한 가이세키 요리점 기쿠노이菊乃井의 높은 장벽과 금액이 부담스러운 여행객에게 살롱 드 무게는 만족스러운 대안이다. 1912년부터 꼿꼿이 지켜온 맛과 미학은 유지하되 보다 가볍고 편안한 표정으로 손님을 맞는다. 이곳의 대표 메뉴는 시구레 벤토時雨弁当 단 하나다. 도시락이라는 작은 세계 안에 계절의 풍경과 소회, 요리하는 이의 마음이 집약되어 있달까. 흔한 표현이지만 눈과 입 모두 호사스러운 경험을 만끽할 수 있다. 가이세키 요리보다야 저렴하지만 그럼에도 5,500엔대의 가격이 만만치만은 않다. 카페 타임에는 디저트 주문만도 가능하니 고즈넉한 정원의 비일상적인 시간을 부디 놓치지 않길 바라본다.

젠 카페 ZEN CAFE

1700년대 중반 창업한 유서 깊은 화과자점 카기젠 요시후사에서 운영하는 카페. 계절의 풍경과 정서를 표현하는 화과자의 특성에 맞춰 시즌별 메뉴가 준비된다. 일본식 정원과 모던한 가구, 조명이 조화를 이루는 공간은 이른바 젠 스타일의 고요하고 편안한 감성을 담고 있다. 특히 낮은 조도 아래 놓인 1인용 소파는 생각 타래를 잠시 내려 두고 싶게끔 한다. 기온 하나미코지花見小路의 떠들썩한 거리를 뒤로한 채 고즈넉한 티타임을 즐길 수 있는 곳.

Data

주소 京都市東山区祇園町南側570-210
운영시간 11:00~18:00(L.O 17:30) **휴무일** 월
전화 075-533-8686 **홈페이지** kagizen.co.jp

Data

주소 京都市東山区高畑町602
운영시간 10:00~18:00
휴무일 화 **전화** 075-541-0436
홈페이지 ichizawa.co.jp
SNS instagram.com/ichizawa_shinzaburo_hanpu

이치자와 신자부로 한푸 一澤信三郎帆布

단단한 질감과 군더더기 없는 형태. 이치자와 신자부로 한푸의 캔버스 가방에는 교토의 엄격한 크래프트 정신이 고스란히 녹아 있다. 자체 공방에 소속된 베테랑 장인과 견습생이 2인 1조로 팀을 이뤄 재단, 재봉 등 전 공정에 관여하며 수작업으로 가방을 완성하기 때문이다. 제품의 퀄리티 유지를 위해 자신의 전용 재봉틀만을 고집하는 점 역시 인상적. 1905년부터 이어져 온 숙련된 솜씨와 자부심을 바탕으로 현재까지 새로운 패턴과 텍스타일 개발에 힘쓰고 있다. 다양하게 변주한 기본 스타일을 비롯해 과거 우유 배달부의 가방에서 영감을 받은 원통 형태의 캔버스백은 이곳의 시그니처 아이템.

이즈쥬 いづ重

바다와 먼 지리적 환경이 탄생시킨 교토풍 스시가 있다. 사바즈시鯖寿司(고등어초밥)와 하코즈시(누름초밥)다. 해산물 수급이 어려웠던 시절 보존 기간을 늘리기 위해 생선을 절여 먹던 것이 그 시작. 이즈쥬는 1912년 창업 당시의 레시피를 그대로 유지하며 교스시의 전통을 지켜가고 있는 노포 중 하나다. 이곳의 대표 메뉴는 숙성 고등어를 밥과 함께 다시마로 만 사바즈시이지만 그 맛이 낯선 한국인에겐 다른 인기 메뉴인 우에하코즈시上箱寿司가 더욱 입맛에 맞다. 도미, 장어, 새우, 계란 등을 모자이크처럼 밥 위에 얹어 정사각형 나무틀로 누른 초밥으로 쫀쫀한 식감과 산미가 매력 있다. 포장 손님이 줄지어 설 만큼 야유회 도시락으로도 인기. 주인의 추천 스폿은 바로 근처의 야사카진자八坂神社다.

Data

주소 京都市東山区祇園町北側292-1
운영시간 10:30~18:00
휴무일 수, 목
메뉴 사바즈시, 우에하코즈시, 이나리즈시いなり寿司
전화 075-561-0019
홈페이지 gion-izuju.com
SNS instagram.com/izuju.gion

가끔은 엉뚱한 선택

산조

교토에서는 종종 다리를 건널 일이 생긴다. 도심을 남북으로 가르는 가모가와가 있어서다. 드넓은 한강을 지하철과 버스로 빠르게 스쳐 가는 데 익숙한 나는 두 발의 속도로 다리를 걷는 행위가 괜스레 낭만적으로 느껴지곤 했다. 다리 위에서 마주한 도시는 유독 빛나고 평화로워 보여서 자꾸 우두커니 서게 되는 것이다.

특히 산조대교에서 바라본 가모가와 강변은 5월의 햇살처럼 포근한 기운을 풍긴다. 둔치에 걸터앉아 서로의 어깨를 빌려주는 사람들의 온기가 주변 풍경마저 따뜻하게 물들인 것일까. 여름은 여름이라서, 겨울은 또 겨울이라서. 계절을 핑계로 사람들은 제 옆자리를 내어준다. 다리 위에선 그 모든 풍경이 영화 속 한 장면처럼 눈에 콕 박힌다.

가와라마치河原町 방면으로 산조대교를 건너면 스타벅스 산조 오하시 지점이 나온다. 테라스에서 조망하는 강변 뷰가 인기인 곳이다. 하지만 내 관심사는 스타벅스가 아닌 스타벅스와 이웃한 오래된 상점 나이토쇼텐이다. 1818년부터 영업을 시작한 나이토쇼텐은 장인이 손으로 엮은 종려나무 빗자루와 솔 등을 판매하는 시니세老舗(오랜 전통이 있는 가게)다. 한 자리에서 대를 이어 영업하는 상점을 일본에서는 시니세라 칭하며 존경심을 표한다.

몇 년 전 나는 이곳에서 채소 전용 솔을 샀다. 애니메이션 <마녀 배달부 키키>에 나올 것만 같은 긴 빗자루에 자꾸 눈길이 갔지만 짐가방을 생각하면 주먹 크기의 솔이 딱 적당했다. 시간이 제법 흐른 지금까지도 솔은 제 구실을 똑 부러지게 해내는 중이다. 카레에 넣을 감자와 당근의 표면을 깨끗이 씻어내는 데 이만한 도구가 없다. 게다가 오직 채소를 위한 솔을 사용하는 감각은 일상을 우아하게 만들어 준다. 누군가 사명감을 다해 만든 물건에는 품위와 정신이 담겨 있기 때문이다. 겨우 카레 하나를 끓이면서 나는 이런 저런 감격에 빠진다.

품위와 정신이라면 나이토쇼텐에서 가까운 스마트 커피 역시 빠지지 않는다. 90여 년의 세월이 스민 이곳은 외지인뿐만 아니라 교토 시민들에게도 여전히 사랑받는 카페다. 양 손에 샌드위치와 문고본을 쥔 단발머리 여성, 느긋하게 신문을 읽는 노인, 포크를 들기 전 인증샷을 남기는 여행객 모두 스마트 커피의 견고한 안정감을 한껏 즐기고 있다. 그리고 그들 사이에 앉은 나는 프렌치토스트를 먹겠다는 애초의 다짐과 달리 덜컥 팬케이크를 주문하고 말았다. 옆 좌석 손님의 빈 팬케이크 접시를 흘깃 본 순간 침이 꼴깍 넘어가고 만 것. 안타깝게도 모험은 실패였다. 팬케이크를 절반이나 남기고 말았지만 뭐, 아무렴. 여행자 신분인 동안에는 나의 엉뚱한 선택을 꾸짖지 않기로 한다.

나이토쇼텐 內藤商店

시니세의 품격이 느껴지는 200여 년 역사의 상점. 판매하는 빗자루와 솔은 전문 기술을 가진 장인의 수작업으로 제작된다. 주재료인 종려나무 껍질은 물에 강해 쉽게 부패하지 않고 튼튼해서 예부터 일본의 생활용품에 널리 활용됐는데, 관리만 잘한다면 10년 이상 너끈히 사용 가능하다. 작은 사이즈의 솔 종류는 800엔~2천 엔 내외로 들인 공에 비해 저렴한 가격이다. 참고로 나이토쇼텐은 이렇다 할 간판이 없다. 활짝 개방된 입구에 목이 긴 빗자루가 가지런히 걸려 있다면 제대로 찾아간 것.

 **Data**

주소 京都市中京区中島町112
운영시간 09:30~19:00
휴무일 부정기

큐쿄도&레터바이킹 鳩居堂＆レターバイキング

계절의 아름다운 찰나를 담은 엽서, 마음을 전하는 간소한 편지지, 질 좋은 서화 도구 등 일상에 다정다감을 더하는 문구용품을 만나볼 수 있는 곳. 노포 그 이상의 가치와 철학을 담아낸 큐쿄도는 1663년 창업한 문구점이다. 유명 건축가 나이토 히로시의 설계로 106년 만에 리뉴얼한 매장은 정교한 목재 천장 아래 흐르는 정적인 분위기를 살려 집중도를 높였다. 본점 맞은편에 새로 오픈한 레터바이킹은 보다 캐주얼하다. 각자 좋아하는 음식을 덜어 먹을 수 있도록 세팅한 바이킹요리처럼 다양한 디자인의 편지지와 봉투를 취향껏 조합해 구매할 수 있다. 아날로그 방식의 기록을 좋아한다면 필수 방문 코스.

Data

주소 京都市中京区下本能寺前町520 **운영시간** 10:00~18:00
휴무일 무휴 **전화** 075-231-0510 **홈페이지** kyukyodo.co.jp
SNS instagram.com/kyoto.kyukyodo

무스비 교토 むす美 京都

일본 드라마에서 한 번쯤은 보았을 장면 하나. 바로 주인공이 점심 도시락을 보자기로 정성껏 싸는 모습이다. 얼핏 손수건인가 싶은 보자기의 정체는 후로시키ふろしき. 무려 1천 년의 역사를 지닌 일본 전통 용품으로 그 쓰임이 무궁무진하다. 물건을 싸는 용도 외에 매듭을 지어 가방처럼 들거나 커튼, 가림막 등으로 활용할 수 있다. 일본에서는 계절이 담긴 무늬의 보자기에 선물을 포장하는 것이 오랜 풍습이라고. 1937년부터 교토에서 후로시키를 제작해 온 야마다센이山田繊維의 브랜드 무스비 교토는 독보적인 양면 염색과 직조 기술을 기반으로 500여 종의 디자인을 선보이고 있다. 개인적으로는 미나 페르호넨과 협업한 후로시키를 구입해 공원 벤치의 테이블보 용도로 쏠쏠히 사용했다.

Data

주소 京都市中京区桝屋町67
운영시간 11:00~19:00
휴무일 무휴 **전화** 075-212-7222
홈페이지 kyoto-musubi.com
SNS instagram.com/furoshiki_musubi

Data

주소 京都市中京区柳馬場通三条上る油屋町94
운영시간 11:00~15:00, 17:00~20:00 **휴무일** 일
메뉴 카키후라이 정식(굴밥かきごはん으로 변경 가능)
전화 075-221-5957

이시우스소바 와타츠네 石臼蕎麦 わたつね

세련된 레스토랑과 메뉴가 넘쳐나는 산조 거리에서 발견한 뜻밖의 이웃집 식당. 1972년부터 대를 이어 운영된 이곳은 '이웃이 와주는' 대중식당을 표방하며 저렴한 가격의 정식을 선보이고 있다. 아니나 다를까 벽면의 투박한 손글씨 메뉴, 편안한 복장의 남녀노소 손님들이 빚어내는 나른한 공기가 식당의 면모를 느끼게 해준다. 수타 메밀소바를 내세우고 있지만 이곳의 숨은 인기 메뉴는 겨울 한정 카키후라이(굴튀김) 정식カキフライ定食이다. 빵가루가 결결이 살아 있는 굴튀김과 마요 스파게티, 샐러드의 조합이 어느 유명 경양식집 못지않다. 현지 농가의 무농약 채소를 사용한 계절 음식을 선보이기도 하니 오스스메おすすめ(추천) 메뉴 또한 시도해 보자.

어느 작은
부엌의 하루

가와라마치

늦은 아침 식사를 위해 숙소가 있는 고조五条에서 교토가와라마치역京都河原町駅으로 나서는 길. 가모가와와 나란히 누워 흐르는 다카세가와高瀬川 수로를 따라 북쪽으로 걸었다. 궂은 날씨에 속상했던 마음은 잠시, 비 내리는 수로를 따라 걷길 잘했다는 생각이 스쳤다. 흙냄새를 품은 풋풋한 아침 공기에 입안마저 개운하다.

날씨에 따라 하루의 운이 좌지우지되는 여행자의 야속한 운명과 달리 교토 주민들의 일상은 비에 아랑곳없이 흘러간다. 어제 아침 숙소 부근에서 우연히 보았던 청년은 오늘도 조깅 중이고, 상인들 역시 오픈 준비에 여념이 없다. 부슬부슬 내리는 비는 자전거 통근길 역시 막지 못한다. 투명한 비닐우산을 한 손에 쥔 채 도로를 가로지르는 회사원의 몸짓엔 흔들림이 없다.

여행지의 아침 풍경 속을 걷다 보면 희미한 안도감이 느껴지곤 했다. 어제와 다름없이 학교로 일터로 떠나는 이들의 분주한 뒷모습은 일상 속의 내 모습과 똑 닮았다. 런던의 소호와 피렌체의 두오모 근처에서도 나는 익숙한 일상 풍경을 마주했다. 세상 어디에도 특별한 삶은 없다는 것. 안타깝게도 그런 깨달음은 쉽게 잊히곤 해서 나는 매번 아무것도 모르는 듯 해맑은 표정을 하고 다시 여행을 떠난다.

지하철역에 가까워지자 출근길 행렬과 세계 각국의 여행객이 한데 뒤섞여 만들어내는 기운찬 에너지가 느껴졌다. 흔한 도시 풍경이 시시하게 느껴지다가도 사방에서 들려오는 외국어와 시선을 붙잡는 가타카

나 간판, 시끄러운 캐리어 소리에 어쩔 도리 없이 마음이 들뜨고 만다.

다소 불량한 분위기를 풍기는 OPA 빌딩 뒤편 골목길에서 목적지인 츠나구 쇼쿠도의 입간판을 발견했다. 구글맵을 켜 이리저리 나침반 방향을 돌린 끝에 간신히 도착한 곳. 이 식당을 알게 된 건 어느 일본인 블로거의 후기를 통해서였다. 교토로 이주한 젊은 여주인, 테이블바가 전부인 협소한 공간, 번화한 쇼핑가 뒤편에 숨어든 식당이라는 점이 호기심을 자극했다.

아무도 없으면 어쩌나 싶은 걱정과 달리 자리에는 이제 막 접시를 받아든 여성이 앉아 있었다. 단골일까. 처음 방문한 손님처럼 보이진 않았다. 쭈뼛거림이 없다. 주문받은 음식을 요리하는 동안 주인은 나와 옆자리 손님에게 이따금 말을 걸어왔다. 물이 끓거나 면이 익기를 기다리는 잠깐 사이의 대화는 세 사람을 둘러싼 어색한 공기를 부드럽게 풀어주었다. 그러다 자연스럽게 이야기가 끊길 때면 나는 그녀의 요리하는 뒷모습을 물끄러미 바라보았다. 한 사람이 겨우 서 있을 법한 작은 주방에서 오늘 하루를 보내는 누군가의 일상을.

*지난 2020년 츠나구 쇼쿠도는 데마치야나기역出町柳駅 부근으로 이전했다. 달라진 점이 있다면 이제는 혼자가 아닌 부부가 함께 식당을 꾸려간다는 것. 소박한 분위기, 자꾸만 생각나는 음식 맛만큼은 여전해서 더욱 반갑다. (p.150 정보 참고)

호라이도 차호 蓬莱堂茶舗

1803년 최초로 겐마이차蓬莱茶를 출시한 호라이도 차호는 마루큐 코야마엔丸久小山園, 잇포도一保堂 등 교토의 유구한 차 브랜드 사이에서 굳건히 명맥을 이어오고 있다. 시내 중심가인 데라마치교고쿠 상점가寺町京極商店街에 호젓이 자리하고 있어 현지인뿐 아니라 관광객의 발걸음도 끊이지 않는 곳. 흔히 현미녹차로도 불리는 겐마이차는 일본 녹차에 볶은 현미를 더한 것으로 구수한 곡물 향이 특징이다. 호불호 없는 친숙한 맛과 합리적인 가격은 기념품으로도 제격이다.

Data

주소 京都市中京区東大文字町295 1F **운영시간** 10:30~18:30
휴무일 금, 일 **전화** 075-221-1215

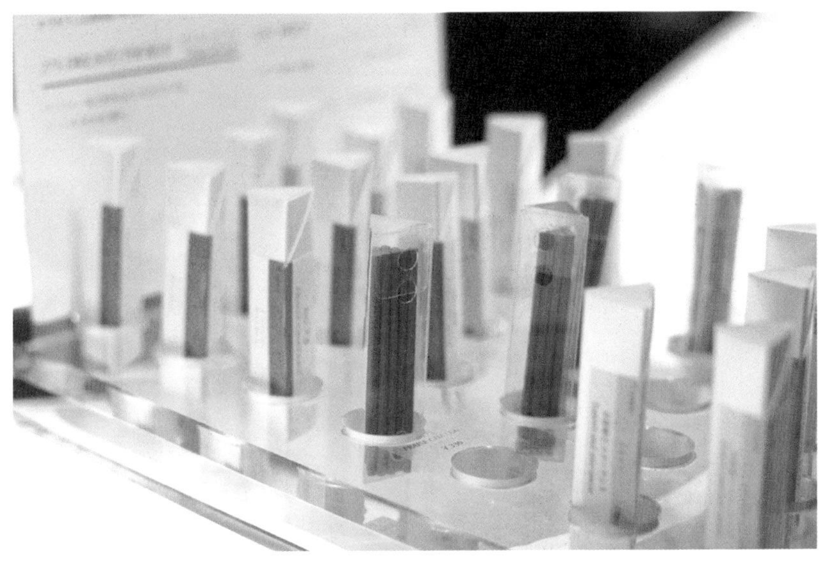

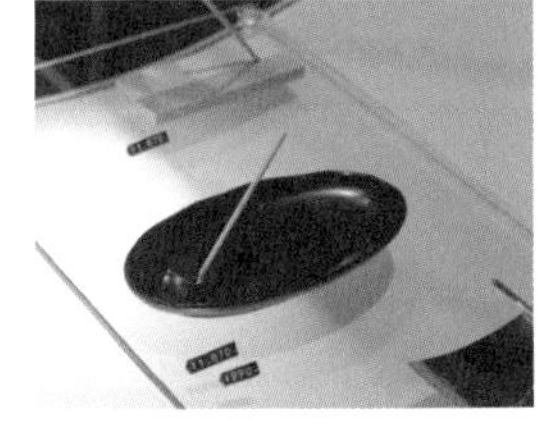

리슨 교토 Lisn Kyoto

교토의 대표적인 향당 쇼에이도松栄堂의 인센스 브랜드 리슨 교토는 섬세한 스토리텔링과 공간 경험으로 전 세대를 아우르는 향 문화를 선보인다. 매장 내부에 들어서면 향기를 '듣는다(Listen, きく)'라는 의미의 브랜드명처럼 향을 사르는 동안 냄새뿐 아니라 시각, 청각까지 고려한 센스를 느낄 수 있다. 고요히 일렁이는 연기의 이미지를 표현한 곡선 디스플레이를 따라 150여 종의 인센스 스틱을 시향하며 취향에 맞는 향을 탐색해 보자. 10개 묶음의 소량 패키지 중심으로 판매하고 있어 자신만의 커스텀 향 세트를 완성해 볼 수도 있다.

Data

주소 京都市下京区 1F COCON KARASUMA
운영시간 11:00~19:00
휴무일 부정기 **전화** 075-353-6468 **홈페이지** lisn.co.jp
SNS facebook.com/lisn.incense

가와바타 타키사부로 쇼텐

川端滝三郎商店

물건의 비하인드 스토리를 깊이 이해했을 때 우리는 그것을 보다 '확실히' 소유한 느낌을 갖게 되지 않을까. 일본 전역에서 생산된 주방용품과 테이블 웨어 등을 한자리에서 만나볼 수 있는 이곳은 각 제품의 제작 배경과 만든 이의 이야기가 담긴 소개글을 나란히 비치해 두었다. 고가의 핸드메이드 제품부터 매일 부담 없이 쓸 수 있는 합리적인 가격대의 제품까지 두루 갖추고 있어 선택의 폭이 넓다.

Data

주소 京都市中京区麩屋町錦小路下る桝屋町505
운영시간 10:00~18:00
휴무일 넷째 주 수
전화 075-708-3173
홈페이지 kawatakikyot.thebase.in
SNS instagram.com/takisaburo

무모쿠테키 굿즈&웨어스 교토+카페

mumokuteki goods&wears Kyoto + cafe

이곳의 지향점은 뚜렷하다. 건강한 음식, 지역에 기반한 제품, 오래된 물건을 향한 애정이 층마다 반영되어 있다. 지하 1층이 빈티지 가구와 소품을 구입할 수 있는 앤티크&리페어 숍으로 꾸며져 있다면, 지상 1층 매장에서는 생활잡화와 로컬 식재료, 의류 및 액세서리를 구입할 수 있다. 2층의 식당 겸 카페는 육류와 유제품, 화학조미료를 사용하지 않는 다양한 비건 메뉴를 선보인다. 음식에 사용되는 쌀은 자체 운영하는 농원에서 재배한 것. 키즈 메뉴도 준비되어 있어 가족이 함께 방문하기 좋다. 저녁에는 한 시간 이상 대기하는 경우가 많으므로 가급적 식사 시간을 피해 가는 편이 낫다.

Data

주소 京都市中京区寺町通蛸薬師上ル式部町261
운영시간 B1 12:00~18:00, 1F 11:00~19:00, 2F 평일 11:30~17:30(주말 ~18:30) **휴무일** B1 화~수, 1F 부정기, 2F 수 (홈페이지 공지 참고) **전화** 075-213-7733
홈페이지 mumokuteki.com
SNS instagram.com/mumokutekicafe

당신을 위한 후와후와 투어

교토시청

누군가 내게 교토에서의 하루 일정을 추천해 달라 묻는다면 조심스레 '후와후와 투어'를 제안하고 싶다. 정체불명의 이 투어는 교토시청과 교토교엔京都御苑 사이의 골목을 거니는 단출한 산책 코스이다.

투어 이름은 무라카미 하루키와 안자이 미즈마루가 쓴 그림책에서 힌트를 얻었다. 그림책에선 '커튼이 살랑이는 모습', '구름이 가볍게 둥실 떠 있는 모습' 등을 표현한 단어로 '후와후와ふわふわ'를 설명한다(보통은 '폭신폭신'이라는 의미로 쓰인다). 나는 여기에 '흩날리는 나뭇잎의 움직임'이라는 해석을 하나 더 덧붙였다. 투어의 모토가 바람결에 날리는 나뭇잎처럼 골목을 유영하는 것이기 때문이다. 담백한 식사와 갓 내린 커피, 오래된 상점, 노을, 공원 언저리를 맴도는 하루. 혼자여도 좋고 둘도 적당하다.

후와후와 투어의 시작은 3월의 어느 변덕스러운 오후였다. 거센 비바

람이 불다 언제 그랬냐는 듯 등 뒤로 봄볕이 쏟아지던 그날 나는 종일 발을 동동거렸다. 구글맵에 저장해둔 별표는 잔뜩인데 날씨가 훼방을 놓을 줄이야. 그렇게 퉁퉁대는 마음으로 소나기를 피해 들어간 곳은 카페 토리노키코히였다. 카운터석과 테이블 세 개가 전부인 실내는 답답하기보다 포근한 분위기를 띠고 있었다. 사람과 공간 사이에도 적정 온도가 있다면 딱 이 정도겠구나 싶은.

소나기가 그친 뒤에는 카페 주변을 막연히 돌아다녔다. 그중 발길이 가장 오래 머문 곳은 하세가와ハセガワ라는 오래된 그릇 가게. 여느 일본 가정집에서 쓸 법한 그릇들이 겹겹이 쌓여 있는데 주인 할머니가 몇십 년에 걸쳐 모아온 것들이라 한다. 심지어 가격대도 1천 엔 내외라 필요하지도 않은 그릇을 주섬주섬 품에 안고서야 가게를 나올 수 있었다는 후문.

비는 여전히 변덕스러웠지만 덕분에 횡단보도 신호를 기다리는 사이 커다란 무지개를 마주하는 행운을 얻었다. 교토교엔의 벤치도 잠시 볕이 난 사이 물기가 보송하게 말라 있다. 후와후와한 식감을 자랑하는 히츠지의 도넛을 베어 물며 오렌지빛으로 물든 하늘을 올려다보았다. 잔뜩 낀 구름 탓에 노을은 볼 수 없었지만 아쉽지는 않았다. 도쿄 산책자 나가이 가후의 말처럼 공원 벤치에 앉아 '쓸데없는 감상에 젖을 수 있다는 사실이' 그저 기쁠 따름이었으니까.

토리노키코히 鳥の木珈琲

새의 나무라는 뜻의 이름처럼 분주한 여행의 와중에 잠시 들러 숨을 고르고 싶은 카페. 주방과 마주보는 카운터석, 테이블 두 개가 전부인 아담한 공간이지만 오히려 그 덕분에 손님과 마스터 모두 각자의 시간에 오롯이 집중하는 분위기다. 자가 로스팅한 원두로 내린 커피는 도톰한 도자기 잔에 담겨 나와 긴 시간 온기를 잃지 않는다. 여기에 달콤 쌉싸래한 수제 푸딩을 곁들이면 그야말로 금상첨화. 일상을 지탱하는 조촐한 기쁨을 교토의 어느 고요한 카페에서 경험했다.

Data

주소 京都市中京区夷川通東洞院東入る山中町542
운영시간 11:00~17:00, 목 12:00~17:00
휴무일 수, 셋째 주 일
홈페이지 coffeeplease.jimdofree.com

히츠지 ひつじ

반죽에 천연효모와 발아현미가 들어간 히츠지의 도넛은 쫀득한 식감이 돋보인다. 10여 년의 빵집 운영 경험이 있는 주인 부부는 아이에게 안심하고 먹일 수 있는 도넛을 만들고 싶었다고. 진열장이 빌 때마다 소량으로 튀겨 낸 도넛은 기름기 없이 담백하다. 클래식한 플레인 도넛プレーンドーナツ을 기본으로 여기에 시나몬, 메이플, 와삼봉(일본의 전통 고급 설탕), 키나코(콩가루) 파우더를 뿌린 도넛이 인기다. 두세 명쯤 앉을 수 있는 바테이블이 있지만 매장이 협소하기 때문에 가급적 포장하는 편을 권한다.

Data

주소 京都市中京区富小路夷川上ル大炊町355-1
운영시간 11:00~18:00 **휴무일** 일~화 **메뉴** 플레인 도넛, 초코도넛커스터드チョコドーナツカスタード **전화** 075-221-6534

Data

주소 京都市中京区夷川通高倉西入ル山中町550-1
운영시간 평일 10:00~16:30, 주말 10:00~17:00, 런치 11:00~15:00
휴무일 부정기(인스타그램 공지)
메뉴 오늘의 갈레트本日のガレット, NEAF 크레페NEAF クレープ
전화 075-200-4258
SNS instagram.com/neufcreperie

뇌프 크레페리 neuf creperie

프랑스 브르타뉴 지방의 음식인 갈레트와 크레페 전문점. 달콤한 토핑을 얹어 먹는 크레페가 디저트라면, 갈레트는 얇게 부친 메밀 반죽에 햄, 치즈, 각종 채소를 푸짐하게 얹었다. 기본 메뉴인 베이직 갈레트 컴플리트Basic galette complete는 아보카도, 서니사이드업으로 익힌 달걀, 홈메이드 햄, 샐러드 채소로 충실하게 속을 채워 한 끼 식사로 든든하다. 서까래가 드러나도록 리노베이션한 마치야와 프랑스 요리의 조화가 흥미로운 곳.

그란피에 초지야 Granpie 丁子屋

46년째 영업 중인 그란피에는 유럽, 아시아, 중동, 아프리카 등 세계 전역의 민예품과 직물, 의류, 주방용품을 취급하는 잡화점이다. 인도에서 들여온 컬러풀한 법랑 제품, 지중해풍 접시와 화병, 서남아시아의 카펫과 킬림(양탄자), 태국과 네팔에서 온 패브릭 등 그 가짓수를 일일이 꼽기 어려울 만큼 매장 안은 이국의 색감으로 가득 차 있다. 현지의 생활 문화가 담겨 있되 쓰임새와 합리적인 가격 또한 놓치지 않은 셀렉션이 이곳만의 특징. 길 건너편의 또 다른 매장 텔라 데 그란피에Tela de GRANPIE는 패브릭 제품을 중심으로 판매한다.

 Data

주소 京都市中京区寺町二条上ル常盤木町57
운영시간 11:00~19:00 **휴무일** 무휴 **전화** 075-213-1081
홈페이지 granpie.com **SNS** instagram.com/granpie_kyoto

츠지와 카나아미 辻和金網

공장식 대량 생산품이 흉내 낼 수 없는 정교한 미감, 사용자의 편리를 고려한 디자인은 세월에 쉽게 퇴색되지 않는다. 뜨개질 하듯 섬세하게 엮은 츠지와 카나아미의 철망 제품이 바로 그러하다. 바구니, 커피 드리퍼, 차 거름망 등 전 품목이 두루 사랑받고 있지만 그중 스테디셀러는 단연 철망 석쇠 아닐까. 촘촘하게 엮은 그물이 열을 분산시켜 겉바속촉 토스트를 완성해 준다. 다소 번거로운 방식임에도 나 역시 5년째 철망 석쇠의 은근한 매력에 푹 빠져 있을 정도. 수작업으로 완성된 제품인 만큼 수리 요청도 가능하지만 앞으로 5년은 더 너끈히 사용할 수 있을 듯하다.

 **Data**

주소 京都市中京区堺町通夷川下ル亀屋町175
운영시간 09:00~18:00 **휴무일** 일 **전화** 075-231-7368
홈페이지 tujiwa-kanaami.com
SNS instagram.com/tsujiwakanaami

다이키치 大吉

골동품점 다이키치는 점주 스기모토 씨의 부모가 운영하던 일식 요릿집이었다. 도예작가이면서 요리사였던 아버지가 1989년에 식당을 지금의 형태로 전환한 것. 매장 한쪽에서는 여전히 커피와 차, 간단한 요깃거리를 판매하고 있다. 재즈가 흐르는 공간 안쪽에는 운영자의 세련된 취향이 반영된 골동품과 현대의 도자기 작품이 진열되어 있다. 그중 술잔 컬렉션은 스기모토 씨가 특별히 애착을 갖는 물건이다. 크기가 작고 저렴해 골동품에 대한 허들을 낮춰줄뿐더러 쓰면 쓸수록 사용자의 손에 길들여지기 때문이라고.

Data

주소 京都市中京区寺町通二条下ル妙満寺前町452
운영시간 11:30~16:00 **휴무일** 월~수
SNS instagram.com/sugimotoosamu

3

어제와 오늘의 시차

별것 아니지만 도움이 되는

니조조·가라스마오이케역

갓 구운 식빵의 모서리를 한 움큼 베어 물 때면 엉켜 있던 마음이 스르륵 풀린다. 온기를 품은 빵에는 특별한 힘이라도 있는 것일까. 영화 <해피 해피 브레드>의 주인공 부부가 도시를 떠나 시골 마을에 터를 잡고 시작한 일은 직접 만든 빵과 커피를 판매하는 것이었다. 부부의 카페를 오가는 사람들은 서로의 처지를 섣불리 동정하거나 위로하는 대신 갓 구운 빵을 살뜰히 나누어 먹는다.

언젠가 고조역五条駅 근처로 가던 중 북적북적 줄 서 있는 낯선 골목 풍경을 맞닥뜨린 적이 있다. 알고 보니 젊은 청년이 운영하는 유명 빵집이었던 것. 사실 교토에서는 이런 장면이 흔하고 익숙하다. 실제로 도도부현 중 빵을 가장 많이 소비한 도시로 교토가 뽑혔다는 통계가 있을 정도! (2016년 자료이긴 하나 여전히 유효한 수치일 테다). 유모차를 끌고 나온 부부, 나이 지긋한 할머니, 양복 차림의 중년 남성, 여행객 모두 맛있는 빵을 기다리며 기대 가득한 얼굴을 하고 있다.

교토의 여러 지역 중에서도 오피스가 밀집한 가라스마오이케역烏丸御池駅 부근은 이른바 교토의 빵 격전지다. 높은 평점의 베이커리가 골목마다 포진해 있는 데다 각자 자신만의 주특기가 있어 취향껏 골라 먹는 재미가 쏠쏠하다. 이를테면 베이글은 플립 업, 크루아상은 르 프티 멕이 진리. 하드계열 식사빵, 패스츄리 가리지 않고 다양하게 맛보고 싶다면 신흥 강자로 떠오른 파이브란Fiveran도 좋다. 나카무라 제너럴 스토어Nakamura general store는 스콘, 파운드 케이크, 콘브레드 등 구움 과자에 특화된 곳.

계산을 마치자마자 아직 오븐의 열기가 남아 있는 시나몬 롤을 크게 한입 베어 물어 본다. 세상에서 가장 참을 수 없는 것 중 하나. 바로 갓 구운 빵 냄새다. 테이블에 떨어진 빵 부스러기를 손으로 훑으며 레이먼드 카버의 단편 <별것 아닌 것 같지만 도움이 되는>의 한 장면을 자연스레 떠올린다. 아이를 잃고 슬픔에 잠긴 부모에게 갓 구운 따뜻한 롤빵을 내밀던 제빵사의 한 마디를.

"별것 아니지만 도움이 될 거요."
어쩌면 나의 상상 이상으로 빵은 특별한 힘을 가지고 있을지도 모르겠다. <해피 해피 브레드>의 리에와 미즈시마 부부의 삶이 빵 한 조각으로 바뀐 것처럼.

259yen

Blueberry
Cream cheese
SCONE

클램프 커피 사라사 CLAMP COFFEE SARASA

근처의 니조코야가 퇴근길에 들르고 싶은 카페라면, 클램프 커피 사라사는 늦장 부리고 싶은 오전을 위한 장소다. 건물을 뒤덮은 덩굴과 나무 격자창, 실내를 채운 고소한 원두 향, 음악을 대신하는 주방의 작은 소음. 각각의 요소들이 모여 이곳만의 느슨한 공기를 자아낸다. 커피는 일곱 가지 종류의 싱글 오리진과 부기맨 중에서 선택 가능하며, 머핀과 케이크 등 디저트도 준비되어 있다. 반려식물에 관심이 있다면 클램프 커피 사라사와 이웃한 원예상점 코토하Cotoha도 함께 둘러보길.

Data

주소 京都市中京区西ノ京職司町67-38 **운영시간** 09:00~18:00(L.O17:30)
휴무일 무휴 **전화** 075-822-9397 **홈페이지** clampcoffee.thebase.in
SNS instagram.com/clampcoffeesarasa

니조코야 二条小屋

허름한 민가를 고쳐 만든 니조코야는 동네의 작은 선술집 풍경을 떠올리게 한다. 시원한 나마비루生ビール(생맥주)로 하루의 피로를 씻어 내듯, 커피의 뭉근한 온기로 지친 마음을 달래는 것이다. 마침 메뉴 중에는 위스키와 맥주, 와인도 준비되어 있다. 하루를 매듭짓기에 더없이 완벽한 공간. 마치 짧은 의식을 치르듯 손님과 마주선 채 핸드드립 커피를 내리는 마스터의 숙련된 움직임을 지켜보는 것 또한 이곳만의 특별한 경험이다. 오롯이 나를 위해 준비된 커피를 대접받는 가벼운 호사를 누릴 수 있달까.

 **Data**

주소 京都市中京区最上町382-3
운영시간 목~토 11:00~20:00, 일, 월, 수 11:00~18:00
휴무일 화 **SNS** facebook.com/nijokoya

플립 업 Filp up

쉴 새 없이 손님을 맞는 작지만 강한 빵집. 서너 명만으로도 발 디딜 틈이 없는 아담한 규모지만 플립 업의 쫀득한 베이글을 맛보려는 발길이 끊이질 않는다. 가장 인기 있는 초콜릿 베이글 외에 플레인, 치즈, 만다린, 무화과 등 계절 식재료를 반영한 베이글을 선보인다. 달걀이나 연어로 속을 채운 베이글 샌드위치는 가격 대비 양이 충실한 편. 오전 7시부터 영업을 시작하니 숙소가 근처라면 아침 식사를 위해 슬렁슬렁 다녀와도 좋겠다.

Data

주소 京都市中京区押小路通室町東入ル蛸薬師町292-2
운영시간 07:00~18:00 **휴무일** 일, 월 **전화** 075-213-2833
SNS instagram.com/flipup_kyoto

신린쇼쿠도 森林食堂

젊은 부부가 운영하는 인도식 카레 식당. 흑미밥에 바삭한 난을 곁들인 장기숙성 치킨 카레長期熟成鶏チキンカレー와 시금치가 들어간 키마호렌소 카레キーマほうれん草カレ 혹은 반반씩 자리를 양보한 치킨&키마호렌소 카레가 이곳의 추천 메뉴다. 교토에서 미술 대학을 졸업한 부부의 이력을 알고 있기 때문이었을까. 음식의 담음새는 물론이고 주문 제작한 듯한 나뭇잎 모양의 그릇, 공중에 매달린 모빌 하나하나에 눈길이 머문다. 2012년 지금의 자리에 식당을 오픈하기 전까지 신린쇼쿠도는 케이터링 서비스로 먼저 유명해졌다. 여전히 외부 출장이 잦기 때문에 홈페이지를 통해 반드시 휴무일을 확인할 것. 나 역시 무턱대고 찾아갔다 헛걸음을 했지만 어쩐지 여행에서는 맛있는 한 끼를 위해 들이는 작은 수고가 마냥 귀찮지 않다.

Data

주소 京都市中京区 西ノ京内畑町24-4 **운영시간** 11:30~15:00(L.O 14:30), 18:00~22:00(L.O 21:00)
휴무일 매달 6, 12, 18, 24, 30일, 부정기(홈페이지 공지)
메뉴 커리 3종 플레이트(A~E 옵션 중 선택), 키마호렌소 카레 **전화** 075-202-6665
홈페이지 shinrin-syokudo.com **SNS** instagram.com/shinrin_syokudo

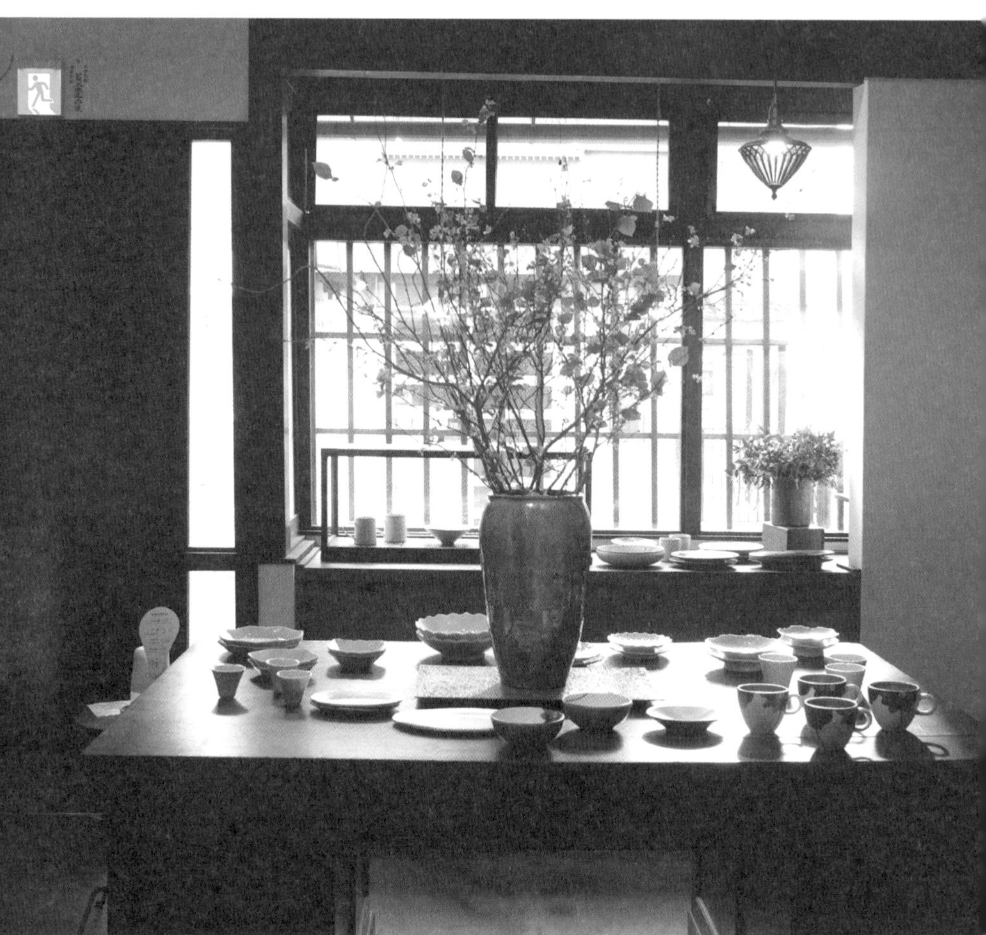

우츠와야 사이사이 器や彩々

일본 전역에서 생산된 도자 제품을 엄선해 판매하는 그릇 상점. 흙의 질감이 돋보이는 질박한 식기를 찾고 있다면 이곳에서 그 기대를 채울 수 있다. 손으로 공들여 빚은 그릇은 오브제로서도 충분히 아름답지만, 음식을 담아냈을 때 또 다른 진가를 발휘한다. 도자 그릇에 담아 먹는 라면이 근사한 한 끼처럼 느껴지듯이 말이다. 2층의 갤러리에서는 정기적으로 그릇 전시가 열린다. 인기 작가의 전시는 대기권을 배부하거나 제품 판매 개수를 제한할 만큼 열기가 뜨겁다. 도예에 관심이 있다면 홈페이지에서 전시 일정을 미리 확인한 뒤 방문하는 것이 좋다.

Data

주소 京都市中京区三条大宮町263-1
운영시간 11:00~18:00
휴무일 화, 수
전화 075-366-3643
홈페이지 saisai-utsuwa.com

1인분의 식탁

교토교엔

"사람마다 식욕을 돋우는 밥공기가 있다고 생각합니다."
대사를 읽자마자 맞아! 하고 무릎을 쳤다. 이 공감 백배 만화책의 제목은《수고했으니까, 오늘도 야식》. 마음에 쏙 드는 새 밥공기를 장만한 주인공이 들뜬 얼굴로 야식을 준비하는 장면이었다. 그릇의 질감과 무늬, 손에 쥐었을 때의 무게 등에 따라 음식의 인상이 달라진다고 믿는 나로서는 주인공의 확고한 소신에 고개를 끄덕일 수밖에.

야근 뒤 대충 라면이나 끓여 먹고 싶은 마음을 꾹 누르며 간단하게나마 요리를 하던 시기가 있었다. 가장 아끼는 그릇에 음식을 담고 간소한 식탁을 차리던 밤. 하루의 마침표를 정확한 자리에 찍은 듯한 충만함을 느끼며 식사를 했던 기억이 만화 속 주인공의 얼굴 위로 겹쳤다. 아마도 그때 나는 나를 위한 어엿한 끼니를 차리며 한 사람분의 몫을 살아가는 법을 배웠던 게 아닐까. 씩씩하게 내일을 고대할 수 있는 낙관과 긍정은 모두 그 식탁에서 비롯했을 것이다.

魚

요리와 그릇을 향한 관심만큼 식재료 역시 무궁무진한 호기심의 대상이다. 여행 기념품을 고를 때도 내 눈길은 마트나 시장 식료품 가판대를 향해 있다. 하물며 '몇백 년' 수식어가 붙은 노포가 지천인 교토에서는 좀처럼 흥분을 가라앉히지 못한다. 식료품 무게를 고려해 짐가방을 꾸릴 만큼 나는 먹는 일에 진심인 사람. 히 간장, 다시같이 한식에 응용하기 좋은 조미료를 눈여겨 보는 편이다.

그중 교토의 풍미를 가장 잘 담아낸 식료품을 하나 꼽으라면 시로미소白味噌가 아닐까. 흰 미소라는 뜻의 시로미소는 낮은 염도와 달큰한 맛, 일반 미소보다 옅은 노란빛이 특징. 식당에서도 시로미소 된장국을 제공할 때는 메뉴판에 강조 표시를 할 만큼 교토만의 특색이 묻어나는 발효식품이다. 교토교엔 근방에는 시로미소를 현대적으로 재해석한 노포 두 곳이 있다. 500년 역사를 자랑하는 토라야 교토 이치조점虎屋菓寮 京都一条店의 '교토한정 시로미소 양갱'과 1830년 창업한 혼다미소혼텐本田味 本店의 '미소시루 모나카'다. 된장의 은은한 감칠맛이 벤 단짠단짠 양갱과 물을 부으면 미소국으로 변신하는 모나카라니 지갑이 열리지 않을 수 없다.

공항에서 집으로 돌아와 짐가방을 열면 고심 끝에 담아온 식료품이 쏟아져나온다. 짠맛 단맛 신맛 감칠맛. 여행을 추억하는 온갖 종류의 맛이 모여 있다. 오래전 교토에서 사 온 오목한 자기 그릇에 미소시루 모나카를 넣고 물이 끓기를 기다린다. 어쩌면 나는 이 따뜻한 환대가 그리워서 매번 여행을 떠났다 돌아오기를 반복하는 것일지도 모르겠다.

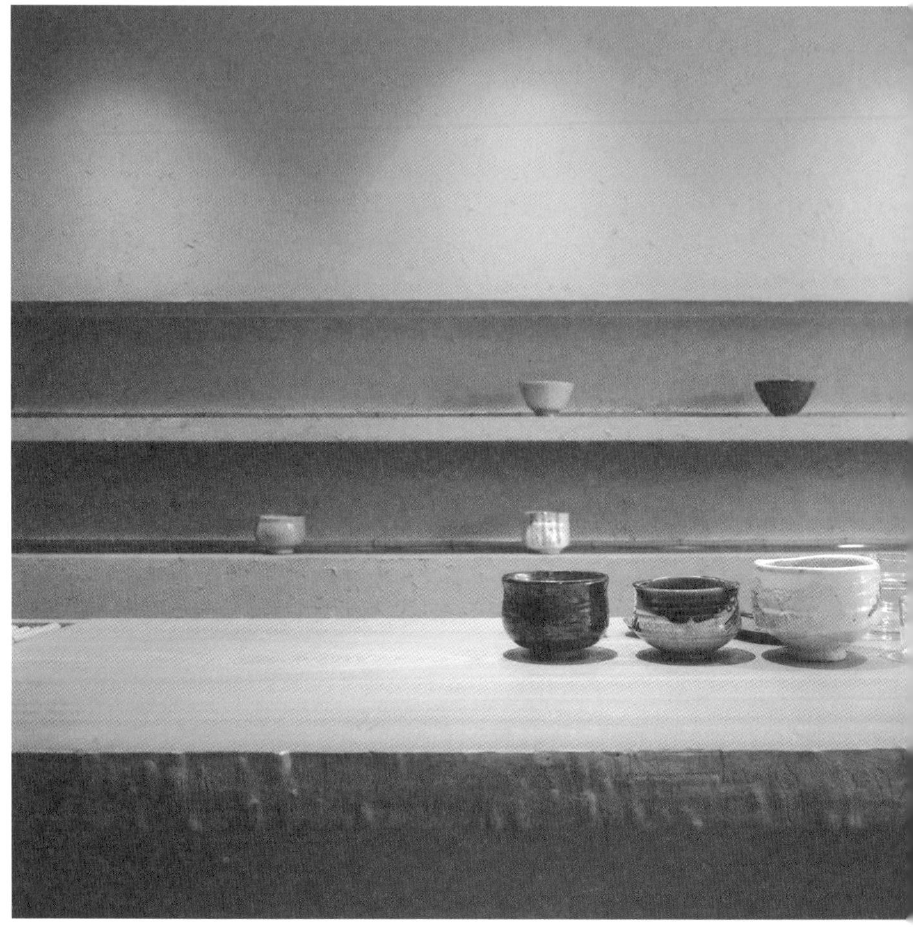

유겐 YUGEN

교토 우지宇治에서 생산된 고품질의 일본차를 선보이는 티하우스 유겐의 퍼포먼스는 다도가 낯선 방문객에게 잊지 못할 경험을 선사한다. 말차를 주문한 뒤 진열된 다완 중 하나를 고르는 방식부터가 그러하다. 맞은편에 선 스태프 역시 한 잔의 말차를 완성하기 위해 열과 성을 다한다. 도구를 가지런히 정렬하고, 몇백 년에 걸쳐 약속된 동작으로 격불하는 모습을 보고 있노라면 다도를 수행처럼 여기는 마음이 무엇인지 짐작하게 된달까. 말차 외에도 센차, 홍차 등의 라인업을 갖추고 있으며 화과자와 함께 세트로 즐길 수 있다.

Data

주소 京都市中京区亀屋町146
운영시간 11:00~18:00
휴무일 무휴
전화 075-708-7770
홈페이지 yugen-kyoto.com
SNS instagram.com/yugen_kyoto

야마다마츠 코보쿠텐 山田松香木店

쇼에이도, 군교쿠도薫玉堂 그리고 야마다마츠 코보쿠텐. 세 곳 모두 교토를 기반으로 한 유서 깊은 향당들이다. 그중에서도 1772년 문을 연 야마다마츠 코보쿠텐의 향은 거부감 없는 섬세한 블렌딩과 안전한 성분이 돋보인다. 실제로 한국의 환경부 전성분 분석 검사에서 8가지 화학 물질이 불검출됐다고. 점원의 친절한 가이드를 받으며 향을 하나하나 시향해 볼 수 있으니 이곳에선 조급한 마음을 버리고 시간을 들여 살펴보길 권한다. 샌달우드로도 알려진 백단白檀 향이 우리에겐 꽤 익숙하다.

Data

주소 京都市上京区勘解由小路町164
운영시간 10:30~17:00
휴무일 무휴
전화 075-441-1123
홈페이지 yamadamatsu.co.jp
SNS instagram.com/yamadamatsukoubokuten

Data

주소 京都市上京区堀川下立売上る 4-55
운영시간 10:00~19:00
휴무일 수
전화 075-841-7304
홈페이지 kuradailystore.com
SNS instagram.com/kuradailystore

쿠라니치요쇼텐 倉日用商店

수저, 도시락, 그릇, 화병, 바구니, 빗자루. 하나씩 나열해 보면 특별할 것 없는 평범한 물건인 듯하지만 실은 하루도 쓰지 않는 날이 없는 유용한 물건들이다. 쿠라니치요쇼텐은 일상을 반듯하게 꾸리는 데 필요한 생활잡화를 빠짐없이 갖춰 두었다. 살림에 일가견 있는 이에겐 그야말로 쇼핑 천국. 디앤드디파트먼트D&DEPARTMENT에서 출간한 <d design travel> 매거진 전권이 진열된 모습에서 짐작할 수 있듯이 쿠라니치요쇼텐 또한 세월을 비켜가는 보편적인 디자인, 로컬 중심의 제품을 소개하는 데 집중한다. 아니나 다를까, 매장의 미니 냉장고에는 일본 각지에서 생산된 지역 사이다가 한데 모여 있다.

카메야 히로나가 亀屋博永

주택가 한켠, 유독 발길이 끊이지 않는 조용한 상점이 있다. 상기된 표정의 사람들이 기다리고 있는 것은 바로 와라비 모치わらび餅. 고사리 전분에 흑설탕, 물 등을 섞어 굳힌 와라비 모치는 인절미처럼 말캉한 식감과 흑설탕의 달짝지근한 맛이 특징이다. 가게마다 내어주는 방식이 다른데 이곳에서는 주문 즉시 모치를 썰어 고소한 콩가루를 고루 뿌려준다. 첫 경험이 중요한 만큼 와라비 모치를 먹어본 적 없다면 꼭 이곳에서 첫발을 떼보시길. 맛은 물론이요, 꾸밈없는 인상을 지닌 노부부의 환대에 마음이 달달해진다.

Data

주소 京都市東山区祇園町南側534
운영시간 08:30~17:00
휴무일 수
메뉴 본와라비 모치本わらび餅 (소, 중, 대)
전화 075-561-2181

교토 카레제작소 카릴 京都カレー製作所 カリル

인도 다음으로 향신료 소비량 전 세계 2위를 차지할 만큼 일본인의 카레 사랑은 진심이다. 카레빵, 카레우동, 카레돈가스 등 식문화 곳곳에 카레가 스며 있다. 교토 곳곳에 흩어져 있는 수많은 커리 전문점 가운데 카릴은 태국식도 인도식도 아닌 '카릴식' 카레를 선보인다. 밀가루와 버터를 볶은 카레 루를 쓰지 않고 21종의 향신료를 배합한 부용(Bouillon, 맑은 육수)을 장시간 끓여 완성한다. 쌀밥 위에 카레를 얹어(비비지 않는다!) 한입씩 먹다 보면 향신료의 알싸한 맛에 송글송글 땀이 맺히는데, 테이블에 놓인 양배추 피클이 이마와 콧망울에 솟은 열기를 가라앉혀 준다. 스테디셀러 메뉴는 치킨 카레チキンカレー. 미슐랭 빕구르망에 선정됐다.

주소 京都市上京区春帯町349-1
운영시간 11:00~15:00, 17:00~20:30, 토 11:00~15:00
휴무일 일 **메뉴** 치킨 카레, 콩과 야채 카레豆と野菜カレー, 한정 카레限定カレー (매달 변경) **전화** 075-211-6110
홈페이지 karil.jp **SNS** instagram.com/karil_curry

어른의 봄 소풍

기타노텐만구·란덴 열차

봄에는 란덴 열차嵐電를 타자. 귀여운 보라색 노면 열차를 타고 북쪽으로 벚꽃 소풍을 떠나자. 4월 교토 여행을 앞두고 가장 먼저 떠올린 계획은 바로 이것이었다. 기타노텐만구北野天満宮에서 시작해 철로 양쪽으로 펼쳐지는 벚꽃 터널을 따라 료안지龍安寺, 닌나지仁和寺를 거쳐 아라시야마嵐山까지. 작정하고 봄의 호사를 누리는 날인 셈이다.

사실 교토 도심에서도 얼마든 벚꽃놀이를 즐길 수 있다. 철학의 길, 헤이안진구 정원, 게아게 인클라인蹴上インクライン 등 곳곳에 명소가 즐비하다. 낮의 벚꽃을 충분히 감상했다면 밤에는 라이트 업으로 유명한 도지東寺, 고다이지高台寺, 마루야마 공원円山公園의 야간 개장을 볼 차례. 온종일 벚꽃만 따라다닌다 해도 이상하지 않을 만큼 도시 전체가 벚꽃에 물들어 있다.

그럼에도 굳이 시간을 들여 북쪽까지 찾아 나서는 것은 오직 그곳이기에 누릴 수 있는 특별한 운치가 있기 때문이다. 달리는 열차 안에서 바라보는 분홍빛 물결과 소풍이라는 단어가 주는 기분 좋은 설렘 같은 것들. 가방에 챙겨온 간식거리를 꺼내먹는 소소한 재미까지도 추억의 일부가 된다. 아침 일찍 일어나 숙소 근처 오래된 빵집의 갓 나온 카레빵을 사는 데서부터 봄 소풍이 시작되는 셈이다.

란덴 열차는 두 개의 노선으로 나뉘는데 시조오미야역四条大宮駅에서 출발하는 아라시야마 본선과 기타노하쿠바이초역北野白梅町駅에서 시작하는 기타노선이다. 두 노선 모두 종착역은 아라시야마이지만 거쳐

가는 루트에 차이가 있다. 교토 중심가에서 아라시야마로 곧장 향할 계획이라면 본선을, 킨카쿠지金閣寺, 기타노텐만구, 료안지 등 북쪽 지역의 사찰과 관광지를 함께 둘러보고 싶다면 기타노선을 타면 된다. 그러나 봄이라면 응당 후자를 선택할 수밖에 없다. 란덴 열차를 타고 떠나는 소풍의 하이라이트는 우타노역宇多野駅~나루타키역鳴滝駅 구간의 벚꽃 터널이기 때문이다.

벚꽃 터널에서 한참 시간을 보낸 뒤 닌나지에 도착했을 무렵엔 벚꽃을 향한 열망이 어느 정도 충족된 상태였다. 더는 여한이 없구나 싶은 만족감이 차올랐던 것이다. 그런데 웬걸, 이제부터가 진짜 시작이라는 듯 빽빽이 군락을 이룬 오무라자쿠라御室(키 작은 벚나무)의 압도적인 풍광에 그만 할 말을 잃고 말았다. 하늘 위로 수천수만 개의 팝콘이 동시에 터진다면 아마도 이런 광경일 테다. 그야말로 벚꽃 총공세였다.

한편 닌나지의 화려한 봄 세레머니를 뒤로하며 방문한 료안지는 정반대의 풍경을 띠고 있었다. 흰 모래와 15개의 돌로 바다를 그려낸 가레산스이 정원, 그 너머로 홀연히 핀 수양 벚꽃이 빚어내는 질서정연함. 앞서 닌나지에서 느낀 아찔한 현기증이 서서히 사그라드는 듯했다. 그러니 이날 내 마음의 언덕에 단 하나의 벚나무만 심을 수 있다면 아무래도 그건 료안지의 차지가 아니었을까. 꽃의 우열을 가리는 일만큼 무의미한 짓도 없겠지만 그럼에도 말이다.

다이쇼세이팡조 大正製パン所

전통에 매몰되지 않고 새로운 문화를 적극 흡수하는 도시 교토에선 수십 년 경력의 노포 빵집을 심심찮게 발견할 수 있다. 1919년부터 빵을 굽기 시작한 다이쇼세이팡조 역시 그중 하나. 100년이 훌쩍 넘은 지금까지도 동네의 든든한 빵집으로 존재하며 빵 애호가들의 사랑을 받고 있다. 식빵, 데니쉬, 간식빵, 샌드위치 등 다채로운 라인업 가운데 넘버원은 바로 카레빵カレーパン. 속을 채운 카레 필링은 페이스트에 가까운 농축된 맛이라 호불호가 있을 수 있다. 야끼소바나 계란이 들어간 콧페빵산도コッペパンサンド, 크림빵은 누구에게나 익숙하고 그리운 맛. 란덴 열차 나들이를 위한 요깃거리를 사기에도 좋다.

 **Data**

주소 京都市上京区般舟院前町136 **운영시간** 08:30~18:00 **휴무일** 일, 월
전화 075-441-3888 **홈페이지** taishoseipan.wixsite.com/info

르 프티 메크 이마데가와 Le petit mec IMADEGAWA

1998년 문을 연 르 프티 메크는 교토의 수많은 베이커리 사이에서도 명성이 자자하다. 프랑스에서 유학한 제빵사의 블랑제리답게 바게트, 캄파뉴와 같은 하드계열의 빵을 주력으로 하지만 그 밖에도 크루아상, 치아바타, 타르트 등 폭넓은 제품군을 갖추고 있다. 빨간 체크무늬 식탁보가 앙증맞은 테이블석은 자리 경쟁이 치열한 편이라 포장이 수월하다. 이마데가와 본점을 방문할 여력이 되지 않는다면 가라스마오이케역과 다이마루 백화점大丸 京都店 지하의 분점, JR 교토역 지점을 방문하는 것도 좋은 대안이다.

Data

주소 京都市上京区今出川通大宮西入ル元北小路町159
운영시간 08:00~18:00
휴무일 무휴 **전화** 075-432-1444
홈페이지 lepetitmec.com

Data

주소 京都市北区平野八丁柳町68-1
운영시간 10:00~18:00
휴무일 무휴
메뉴 후르츠산도(하프 사이즈 가능), 오렌지젤리
전화 075-461-3000
홈페이지 hcricket-jelly.com

프루트&팔러 크리켓 FRUIT & PARLOR CRICKET

본업은 산지에서 엄선한 과일을 판매하는 과일 전문점이지만 후르츠산도フルーツサンド에 더욱 진심인 곳. 쇼케이스에 진열된 신선한 제철 과일이 기대를 더욱 높여준다. 모던한 인테리어 분위기와 달리 1974년에 문을 연 중년 점포로 매장 안은 노년의 부부부터 아이를 둔 가족, 고등학생 무리까지 폭넓은 연령대의 손님들로 북적인다. 계절 과일을 켜켜이 쌓아 넣은 후르츠산도는 과일 본연의 맛을 살리기 위해 생크림을 달지 않게 한 것이 포인트다. 오렌지 과즙을 차갑게 굳힌 오렌지 젤리オレンジ ゼリー도 스테디셀러 메뉴.

키친 파파 キッチンパパ

이곳의 대표 메뉴가 무엇이냐 묻는다면 자신 있게 쌀밥이라 외치고 싶다. 1856년부터 대를 이어 온 쌀 가게에서 운영하는 식당이기 때문이다. 상호명도 정다운 '키친 파파'를 가기 위해서는 전국 각지의 쌀이 비치된 정미소를 먼저 거쳐야 한다. 교토 고시히카리, 시가현 밀키퀸, 야마가타현 츠야히메 등의 쌀은 그날 분만 도정해 밥을 짓는다고. 어린 시절 추억의 경양식을 선보이겠다는 포부답게 자신 있는 메뉴는 특제 햄버그 스테이크다. 데미그라스 소스를 끼얹은 햄버그와 고슬고슬한 쌀밥의 궁합이 더할 나위 없는 맛을 보장한다.

Data

주소 京都市上京区姥ケ西町 591 **운영시간** 11:00~14:00 (L.O 13:30), 17:30~20:30 (L.O 19:30) **휴무일** 목
메뉴 평일한정 햄버그お昼のきまぐれハンバーグ, 데미그라스 소스 햄버그デミグラスソースハンバーグ
전화 075-441-4119
홈페이지 kitchenpapa.net
SNS instagram.com/kitchenpapa_kyoto

츠루야 요시노부 鶴屋吉信

1803년부터 교와가시京菓子의 시작과 부흥기를 함께 걸어온 화과자 전문점 츠루야 요시노부. 교토시 도시경관상을 수상한 스기야 양식의 건물에 들어서면 이들의 자부심 담긴 화과자가 진열장을 가득 채우고 있다. 호사스러운 눈요기를 마친 뒤 발길은 자연스럽게 2층 찻집으로 향한다. 이곳에 온 진짜 이유인 화과자 시연을 보기 위해서다. '계절의 생과자와 말차季節の生菓子とお抹茶'를 주문하면 눈앞에서 아름다운 화과자를 만드는 장인의 유려한 손짓을 '직관'할 수 있다. 완성된 화과자는 말차와 함께 테이블석에 내어주는데 한입에 선뜻 먹기 아까울 만큼 감동적이다.

Data

주소 京都市上京区西船橋町340-1
운영시간 1층 09:00~18:00, 2층 10:00~17:00
휴무일 수
전화 075-441-0105
홈페이지 tsuruyayoshinobu.jp
SNS instagram.com/tsuruya.yoshinobu_honten

4

교토의 이정표

싱거운 약속

가모가와

소설가 무라카미 하루키는 《채소의 기분, 바다 표범의 키스》라는 귀여운 제목의 산문집에서 그가 가장 좋아하는 조깅 코스 중 하나로 '교토의 가모 강변길'을 꼽았다. 고개를 끄덕끄덕. 달리기라면 질색이었던 나는 시간이 흘러 여행지에서의 아침 러닝을 꿈꾸는 사람이 되었고 그러다 문득 궁금해졌다. 긴 긴 가모가와에서 하루키의 최애 구간은 어디일까.

일단 나부터 답하자면 가모가와 델타鴨川デルタ와 교토부립식물원京都府立植物園 사이의 코스다. 성큼 가까워진 히에이잔比叡山의 산봉우리와 강변 양쪽으로 늘어선 울창한 가로수길은 힘껏 뛰고 싶도록 북돋는 목가적인 매력이 있다. 도심 중심가로부터 한발짝 떨어져 나온 것만으로도 확연히 다른 분위기다. 교토부립식물원에 가까워질 즈음에는 수양벚꽃이 터널을 이루는 나카라기노미치半木の道 산책로도 만날 수 있다. 물론 어디까지나 이것은 봄의 일. 대신 여름에는 벚꽃 터

널이 뙤약볕을 피할 수 있는 귀한 그늘막이 되어 준다. 이래저래 나무의 덕을 보니 그저 고마울 따름이다.

달리기가 아닌 걷기에 포인트를 둔다면 역시 기온시조역祇園四条駅에서 기요미즈고조역清水五条駅 방면으로 향하는 산책로가 내 기준 제일이다. 강가에 줄지어 선 교마치야(교토의 전통가옥)를 곁에 두고 걷는 것만으로도 긴장했던 몸이 툭 풀리고 이내 나른해지고 만다. 곳곳에 잠시 쉬어갈 수 있는 벤치가 있어 도시락이나 간식을 펼치기도 좋다. 혹은 엽서를 쓰기에도. 침묵하는 강을 멍하니 바라보고 있노라면 뭐라도 끄적이고 싶어지는 기분은 어째서일까. 가끔은 하고 싶은 말들이 밀린 숙제처럼 떠올라 안달이 난다.

그런 이유로 교토를 여행하는 동안 내 가방 속에는 큐쿄도에서 산 엽서가 늘 준비되어 있었다. 숙소 근처의 가까운 우체국도 미리 찾아 두었다. 엽서의 수신인은 대체로 '일주일 뒤의 나'일 때가 대부분이다. 대단한 자기애로 가득찬 사람처럼 보이겠지만 실은 "다음에 또 오겠다" 같은 싱거운 약속들이 쓰여 있을 따름이다. 신기하게도 아직까지는 그 약속을 어긴 적이 없다.

 Data

주소 京都市下京区西木屋町通仏光寺上る市之町260-2
운영시간 11:45~20:00
휴무일 목
SNS instagram.com/agaru.kyoto

킷사 아가루 喫茶上る

느지막이 숙소로 돌아가고 싶은 여행의 마지막 날. 킷사 아가루가 아니었다면 나는 교토의 밤거리를 정처 없이 헤맸을지도 모른다. 다카세가와 수로와 면해 있는 민가를 개조한 이곳은 고요 속에서 가만히 하루를 정리하기 좋다. 1층의 다다미방 테이블은 단 세 개뿐. 창 너머로 유유히 흐르는 내천을 아무런 방해 없이 감상할 수 있어 자리 경쟁이 은근 치열하다. 그럴 땐 아쉬워 말고 2층 다다미방으로 올라가자. 바깥의 고요한 풍경은 여전히 근사한 채로 남아 있다. 봄에는 흐드러지게 핀 벚꽃이 창을 스치며 흩날린다.

스바 すば suba

교토에서는 흔치 않은 입식 소바 식당. 패스트푸드처럼 간편하게 먹을 수 있지만 재료 선정과 맛에 있어서만큼은 타협하지 않는 깐깐한 곳이다. 매일 아침 직접 제면한 메밀면과 가다랭이, 리시리 다시마 등으로 우려낸 간사이풍 국물을 기본으로 지방 특산물을 활용한 시즌 메뉴를 선보인다. 서서 먹는 식당 특유의 분위기 때문일까. 점심 식사로도 좋지만 늦은 밤 숙소로 돌아가기 전 잠시 들러 후루룩 소바를 들이키는 기분이 여행의 운치를 북돋아준다. 무심한 듯 보이지만 하나하나 디테일을 살린 내부 인테리어 역시 분위기에 한몫했다. 존재감 있는 대형 카운터는 도예가 하시모토 치세이의 작품이라고.

 **Data**

주소 京都市下京区美濃屋町182-10
운영시간 12:00~23:00(L.O 22:30)
휴무일 무휴
메뉴 명물 니쿠소바&온센타마고名物!肉そば温泉たまご, 교슌기쿠텐(쑥갓튀김)소바 京春菊天
전화 075-708-5623
SNS instagram.com/subasoba

Data

주소 京都市下京区本塩竈町557
운영시간 11:00~19:00
휴무일 무휴, 부정기
전화 075-354-1600
홈페이지 allouneno.com
SNS instagram.com/allouneno

아로우네노 ALLOUNENO

봄, 가을 가모가와 강변과 공원은 삼삼오오 모여 앉아 도시락을 먹는 사람들로 북적인다. 편의점표 오니기리부터 단골 식당의 특선 도시락, 유명 노포의 스시에 이르기까지 도시락 문화가 발달한 만큼 선택의 폭도 다양하다. 아로우네노는 1903년 창업한 다시 전문 노포 우네노うね乃에서 런칭한 반찬 전문점으로 전 메뉴에 무첨가 다시를 사용해 감칠맛과 풍미를 살렸다. 계절마다 구성이 바뀌는 벤또 박스는 생선, 고기, 야채 등의 식재료를 다채롭게 활용해 제대로 된 식사를 먹은 듯한 포만감이 만족스럽다. 숙소에서 간단히 끼니를 해결하고 싶다면 단품 반찬, 디저트 코너도 꼭 체크해 보길.

미나 페르호넨 minä perhonen

디자이너 미나가와 아키라의 패션 브랜드 미나 페르호넨의 교토점. 핀란드의 라이프스타일과 문화에 영감을 받은 그의 디자인은 '나는 나비(미나 페르호넨)'라는 의미처럼 밝고 명랑한 동시에 우아한 곡선이 특징이다. 1층부터 5층에 이르는 각 매장에는 성인과 아동 의류, 패브릭 소품 등이 두루 갖춰져 있어 시간을 두고 천천히 둘러보기 좋다. 무엇보다 미나 페르호넨 교토점은 공간을 음미하는 즐거움이 크다. 1927년 지어진 옛 건물의 정적인 분위기와 미나 페르호넨의 따뜻한 감성이 절묘한 합을 이뤄 오래도록 머물고 싶게끔 만든다.

 **Data**

주소 京都市下京区 河原町通り四条下ル市之町251-2 寿ビルデイング 1F, 3~5F
운영시간 평일 11:00~19:00, 주말 10:00~18:00
휴무일 목
전화 075-353-8990
홈페이지 mina-perhonen.jp

그리고 다시 여름

고조

이미 다녀온 도시나 장소를 다시 찾아가는 여행을 좋아한다. 생경한 풍경이 선사하는 설렘만큼이나 익숙한 곳에서 새로운 무언가를 발견하는 일 또한 즐거워서다. 당시의 나와 오늘의 내가 다른 것처럼 지금 서 있는 자리의 계절과 바람, 공기가 그때와 사뭇 다르므로 모든 여행은 결국 새롭게 시작된다.

디앤드디파트먼트(이하 디앤디) 역시 교토에 올 때마다 빠짐없이 방문하는 곳이다. 가을의 끝 무렵이거나 여름이 막 시작되려던 참이었다. 디앤디 매장과 마주 서 있는 거대한 은행나무를 물끄러미 올려다보며 나는 매번 계절의 변화를 실감했다. 짙은 노랑으로 물든 잎이 파랗게 바뀌는 사이 바람은 쾌청해졌고 나 또한 어딘가 조금은 달라졌을 테다.

교토다운 오미야게お土産(여행, 출장에서 산 기념품)를 구입하고 싶은

이에게 디앤디는 보물창고 같은 곳이다. 엄선된 교토의 지역 특산물을 판매하고 있어 고민의 시간을 덜어 줄뿐더러 개별 매장을 일일이 찾아다니는 수고 또한 덜어 준다. 쇼핑몰 발BAL에 입점해 있는 편집숍 '투데이 이즈 스페셜today is special', 교토시청 부근의 '앙제angers'에서도 비슷한 제품군을 취급하고 있지만 굳이 디앤디로 걸음하게 되는 건 공간이 지닌 정서 때문이다.

독특하게도 디앤디 교토점은 붓코지佛光寺라는 사찰 안에 자리해 있다. 하지만 이곳이 절이라는 사실을 까맣게 잊을 만큼 종교적인 엄숙함이나 경건함과는 거리가 먼 분위기다. 주민들이 허물없이 드나드는 작은 공원이자 쉼터에 가까운 느낌이랄까. 봄에는 풍선과 솜사탕, 흥겨운 음악 소리가 경내를 채우는 곳. 동네 아이들이 키 낮은 나무 위를 올라타고 외발자전거 솜씨를 뽐내며 에너지를 발산하는 동안 어른들은 처마 그늘에 앉아 도시락을 먹은 뒤 잠시 눈을 붙이는 장소인 것이다.

하루는 나 역시 단조로운 풍경의 일부가 되어 얕은 잠에 빠져들기도 했다. 툇마루에 앉아 볕을 쬐다 그만 꾸벅꾸벅. 저 혼자 화들짝 깨어 눈을 떴을 땐 무탈한 평일 오후가 유유히 흐르고 있었다. 이제부터는 고민의 시작이다. 올해 첫 여름 빙수는 어디에서 시작하면 좋을까. 사소하지만 중대한 고민이다. 오픈 시간에 맞춰 도착한 빙수 가게 앞은 이미 문전성시를 이루고 있었다. 어쩌나 싶은 찰나 나를 발견한 직원이 작게 손짓했다. 마침 딱 1인석이 비어 있다는 반가운 소식.

어깨를 나란히 맞대고 앉은 사람들 앞에는 얼음이 소복히 쌓인 빙수가 하나씩 놓여 있었다. 그 모습이 마치 여름을 환영하는 단체 세레모니 같아 배시시 웃음이 새어나온다. 영화 <기쿠지로의 여름> 속 피아노 연주곡이 딱 어울리는 광경이다. 시간이 지나 접시에 고인 얼음물까지 후루룩 들이키고 나니 목덜미 부근이 금세 서늘해진다. 아, 반가운 여름의 맛이다.

Data

주소 京都市下京区高倉通仏光寺下ル新開町397
운영시간 매장 11:00~18:00, d쇼쿠도 11:00~17:00(L.O 16:30)
휴무일 수
메뉴 이달의 정식京都 丹後定食, d&드라이 커리d&ドライカレー
전화 매장 075-343-3217, d쇼쿠도 075-343-3215
홈페이지 d-department.com/ext/shop/kyoto.html
SNS instagram.com/d_d_kyoto

디앤드디파트먼트 교토 D&DEPARTMENT KYOTO

디자이너 나가오카 겐메이가 '롱 라이프 디자인'을 모토로 시작한 프로젝트 매장. 유행에 좌우되지 않는 보편적인 디자인 제품을 선별해 소개한다. 붓코지 경내에 자리한 매장에는 교토산 식재료와 생활잡화, 공예품뿐만 아니라 사용 가치를 재발견한 중고용품이 갖춰져 있다. 옆 건물에는 식당 d쇼쿠도d食堂가 있어 쇼핑과 식사를 함께 즐길 수 있다.

더 터미널 교토 THE TERMINAL KYOTO

경제 논리 앞에서는 교토 역시 어쩔 도리가 없는 듯하다. 부동산 시장의 여파로 전통 목조 가옥인 마치야를 허물고 맨션이나 주차장을 짓는 추세가 지속되고 있기 때문이다. 이러한 분위기에 맞서 더 터미널 교토는 1932년 건축된 교마치야 복원을 시작으로 교토의 오랜 기술과 지혜를 전승해 나가는 활동을 전개하고 있다. '장어의 잠자리'라는 별칭답게 안쪽 깊이가 무려 50m에 달하는 교마치야에 들어서면 갤러리, 카페, 안뜰이 차례로 등장하는데 외관만으로는 도무지 상상할 수 없는 구조와 미감에 정신없이 카메라 셔터를 누르게 된다. 실제로도 교토에 남아 있는 마치야 중 가장 큰 규모의 안뜰이라고. 엄선된 예술품과 정원 사이를 구석구석 누비며 공간이 건네는 단단한 울림을 느껴보길 바란다.

Data

주소 京都市下京区岩戸山町424
운영시간 09:00~18:00
휴무일 무휴
전화 075-344-2544
홈페이지 kyoto.theterminal.jp
SNS instagram.com/theterminalkyoto

마루키세이팡조 まるき製パン所

1947년 문을 연 사랑스러운 동네 빵집. 새벽 6시 반에 영업을 시작하는 빵집 앞은 이른 아침부터 사람들의 발길이 끊이질 않는다. 가장 인기 있는 메뉴는 핫도그 번에 양배추와 햄을 끼워 넣은 햄롤ハムロール이지만 돈가스, 야키소바, 새우커틀릿 등 취향껏 속을 고를 수 있다. 그 외에도 가츠롤カツロール이나 크림빵クリームパン, 피자 토스트 같은 든든한 식사빵이 나와 있다. 소박한 빵을 한입 베어 물 때마다 드는 생각은 오직 하나. 아, 이런 빵집이 우리 동네에도 있었으면!

 **Data**

주소 京都市下京区松原通猪熊西入北門前町740
운영시간 06:30~20:00
휴무일 무휴
메뉴 햄롤, 가츠롤, 크림빵

멘야 이노이치 하나레 麺屋 猪一 離れ

8년 연속 미슐랭 빕그루망에 선정된 인기 라멘 가게. 5분 거리의 멘야 이노이치 본점과 달리 이노이치 하나레는 소스국물에 면발을 담궈 먹는 츠케멘이 주력 메뉴다. 이곳의 특징은 일반적인 고기 육수 대신 100% 해산물 육수를 쓴다는 점. 인기 메뉴인 오니미조레츠케 소바鬼みぞれつけそば에는 가고시마산 특급 가스오부시인 혼카레부시를 올려 주는데 깊은 풍미와 감칠맛이 익히 알고 있던 일본 라멘의 세계관을 완전히 뒤엎어버린다. 자가제면한 면발은 언뜻 두껍게 느껴지지만 소스국물을 흠뻑 담아내기에 딱 알맞은 굵기. 마지막 남은 소스국물에 녹차다시를 부어 수프처럼 먹게끔 한 센스도 감탄스럽다. 예약은 받지 않으며 식당 앞에서 번호표를 발급하는 시스템이다.

Data

주소 京都市下京区泉正寺町 463 ルネ丸高 1F
운영시간 11:00~14:30, 17:30~21:00
휴무일 월~수
메뉴 오니미조레츠케소바, 슈마이焼売
전화 075-285-1059
홈페이지 inoichi.stores.jp

커피와
코-히 사이에서

교토역

공항에서 교토역京都駅으로 향하는 하루카HARUKA 고속열차에 앉아 일본어 문장을 하나씩 읊어 나간다. 고맙고 미안한 마음을 전하는 표현은 가슴에 새기듯 몇 번이고 반복 또 반복. 기본적인 문장도 입에 익지 않으면 막상 운을 떼기가 쉽지 않아서다.

한참을 망설이다 '커피'가 아닌 '코-히コーヒー(커피의 가타카나 발음)'를 주문하던 순간의 작은 떨림 역시 아직 기억하고 있다. 활자로 익힌 외국의 언어를 소리내어 말하는 데는 의외로 큰 용기가 필요하므로. 나의 수줍은 주문을 이해한 종업원이 "홋또ホット(hot)?"하고 되물었을 때 나는 교토와 한 뼘 더 가까워진 듯했다.

도지 근처의 센토銭湯(목욕탕)에 갔을 때는 좀 더 대범했다. 카운터를 지키던 주인에게 작은 목소리로 '코-히 규-뉴コーヒーミルク'를 요청한 것이다. 유리병에 담긴 차가운 커피 우유를 건네받고 나니 그제서야 뒤늦게 쑥스러움이 밀려왔다. 방금 막 목욕을 마친 터라 얼굴이 발갛게 물들어 있던 게 얼마나 다행이었는지.

한자로 쓰인 노선표, 카페라테 대신 카페오레만 있는 메뉴판, 작은 단위의 동전, 뒷문으로 탑승한 뒤 앞문으로 하차하는 시내버스. 여행지의 비일상적인 하루 속에서 서툴게 말하고 행동하던 내가 코-히를 주문할 수 있게 된 건 사소한 해프닝 이상의 의미였다. 이 도시에 적응을 마쳤다는 긍정의 신호. 긴장한 어깨에 힘을 풀고, 터덜터덜 길을 걸어도 좋다는 허락이다. 대개는 여행 막바지에 이르러서야 그 신호

sauna BATH HOUSE
初音湯
自転車を除く

를 감지한다는 게 아쉬울 따름이지만.

교토역은 언제나처럼 각지에서 모여든 사람들로 인산인해였다. 여기가 처음이 아니라는 듯 짐짓 태연한 얼굴로 출구를 찾아보려 애쓰지만 거대한 플랫폼에 갇힌 나는 여전히 우왕좌왕이다. 간신히 교토역을 빠져나와 향한 곳은 시치조역七条駅 근처의 카페 아마존. 메뉴판을 천천히 정독한 뒤 주문할 준비를 마친 나는 목소리부터 가다듬는다. 흠흠,

“토스트 세또 오네가이시마스.”

Data

주소 京都市下京区河原町通七条上る住吉町352
운영시간 10:00~18:30(L.O 18:00) **휴무일** 목 **전화** 075-353-5668
홈페이지 kaikado-cafe.jp **SNS** instagram.com/kaikadocafe

가이카도 카페 Kaikado café

1875년부터 찻잎 보관함 차즈츠茶筒를 만들어 온 가이카도開化堂의 카페. 공간은 가이카도의 오랜 역사와 자부심이 느껴지는 힌트들로 가득하다. 차통의 주요 소재 중 하나인 구리를 인테리어 요소로 적재적소에 사용한 흔적이라든가, 장인정신을 이어 온 노포의 제품을 적극 사용하는 방식이 그러하다. 손으로 엮어 만든 스테인리스 드리퍼는 츠지와 카나아미의 제품을, 티 코스터와 손님용 가방 바구니는 고초사이코스가公長齋小菅의 정갈한 대나무 공예품을 쓰고 있다. 음료와 디저트 또한 일본의 유서 깊은 화과자점 및 차 브랜드와 협력해 선보인다. 일반 카페에 비해 가격대가 높은 편이지만 교토의 전통을 세련된 형태로 경험해 보는 기회라 여긴다면 결코 아깝지 않은 금액이다.

츠케야사이 이소이즘 漬け野菜 isoism

일본의 대표적인 보존식 츠케모노漬物를 테마로 한 식당이다. 계절 채소수프와 12종의 츠케야사이 플레이트漬け野菜プレート, 솥밥으로 구성된 런치 메뉴가 인기. 채소를 절여 저장성을 높인 츠케모노는 니시키 시장에서도 가장 흔하게 볼 수 있을 만큼 일본인의 식탁에서 빠지지 않는 음식이다. 이소이즘의 츠케모노는 오일, 사케, 된장 절임 등 여러 기법을 사용해 제철 채소 본연의 맛을 끌어올렸다. 플레이트 위에 옹기종기 놓인 색색의 채소를 하나씩 음미할 때마다 각각이 지닌 풍성한 맛에 놀라게 될지도. 요리에 사용된 채소는 협력 농가와 자체 농장에서 수확해온 것들이다. 웨이팅이 긴 편이니 웹사이트 예약을 추천한다.

Data

주소 京都市下京区中居町114
운영시간 11:30~13:30, 17:00~23:00
휴무일 무휴
메뉴 츠케야사이 플레이트(솥밥, 수프 포함)
전화 075-353-5016
홈페이지 isoism.isozumi.jp
SNS instagram.com/isoya.corporation

야마모토 만보 山本まんぼ

75년 역사의 교토풍 오코노미야키를 맛볼 수 있는 철판요리점이다. 거대한 아일랜드형 철판을 중심으로 카운터석과 테이블석으로 나뉘는데 열띤 조리과정을 지켜볼 수 있는 카운터석이 제대로 흥을 돋운다. 상호명에서 짐작하듯 이곳의 간판 메뉴는 만보야키まんぼ焼き다. 밀가루 반죽을 크레페처럼 얇게 펼친 뒤 고기, 오징어, 곱창 등을 올리고 그 위에 볶은 소바나 우동, 계란, 파를 얹는 것이 포인트. 동일한 조리법에 면을 뺀 버전이 베타야키べた焼き다. 철판에서 바삭하게 구워진 면과 달콤짭쪼름한 소스의 조합이 하이볼을 끝없이 부르게 만드는 맛. 주문 시 면, 계란의 익힘 정도, 매운맛 강도를 선택할 수 있다.

 **Data**

주소 京都市下京区小稲荷町61-54-102
운영시간 10:00~22:00(L.O 21:30)
휴무일 수, 셋째 주 목
메뉴 만보야키 스페셜 まんぼ焼き全部入スペシャル, 베타야키, 야끼소바 焼きそば
전화 075-341-8050
SNS instagram.com/manbo_2020

5

오늘은 조금 더 멀리

일요일을 위한 여행

데마치야나기역 · 가모가와 델타

여행 중에 맞는 일요일은 모호하다. 평일과 휴일의 구분이 없으니 주말의 정체성이 희미해지고 마는 것이다. 매일매일이 주말과 다름없는 여행 중일지언정 '진짜 일요일'에는 아침 일찍 숙소를 나서는 대신 침대에서 한 시간쯤 더 뒹굴거리거나, 촘촘히 짠 계획을 뒤로 미룬 채 하루 한 가지 일만 해내고 싶다. 가모가와 델타는 바로 그런 일요일을 위한 장소다.

가모가와와 다카노가와高野川의 두 물줄기가 합류하는 지점인 가모가와 델타는 섬처럼 생긴 삼각주가 강 한가운데 놓여 있는 독특한 장소다. 마치 자연이 만들어낸 천연 놀이동산 같달까. 약속이라도 한 것처럼 이곳에선 어른, 아이 할 것 없이 거북 모양의 징검다리를 폴짝폴짝 건너거나 물수제비뜨기 시합을 겨루며 시간을 보낸다. 일요일 하루만큼은 게으르기로 작정한 나는 데마치야나기역 앞의 오니기리 가게에서 산 오니기리를 야금야금 먹으며 델타의 풍경을 바라본다. "아,

좋다" 하고 중얼거리게 되는 어느 일요일 오후.

가모가와 델타에서 북쪽으로 오르면 다다스노모리糺の森라는 원시림에 곧장 닿게 된다. 기원전부터 존재한 숲의 규모와 존재감은 실로 엄청나다. 무성한 잎에 가려 하늘이 거의 보이지 않을 정도인데, 이파리 사이로 간신히 스며 나온 햇살이 땅 위에 가느다란 그림자 길을 만들어낸다. 어쩌면 다다스노모리를 걷는다는 건 수백 수천 년 전의 공기를 동시에 호흡하는 일. 그림자 길을 따라 걷는 동안에는 의식하지 않아도 숨을 깊게 들이마시게 된다.

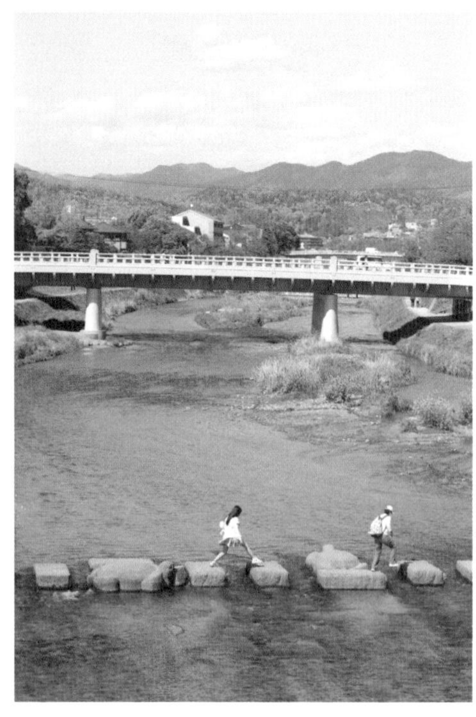

매년 8월이면 고요했던 숲이 잠시 들썩인다. 일본 최대 규모의 고서적 축제 '시모가모 노료 후루혼 마츠리下鴨納 古本まつり'가 다다스노모리에서 열리기 때문이다. 교토, 오사카, 나라, 고베 등 간사이 지방 일대의 고서점이 출점하는 축제에만 약 80만 권의 책이 모여든다고. 그야말로 서가의 대이동이다. 그런데 문득 드는 의문 하나. 햇빛과 습기에 취약한 것이 책의 물성일 텐데 여름의 한가운데, 하물며 야외에서 고서적 축제가 열린다니! 쉬이 상상이 가지 않는다.

정답은 축제의 이름에 담겨 있다. 한자를 뜯어 살펴보니 '납량納凉' 두 글자가 눈에 들어온다. 온몸에 오소소 소름 돋는 공포물이 연상되는 이 단어의 본래 뜻은 '여름에 더위를 피하여 서늘함을 맛봄'. 수풀로 우거진 다다스노모리 안의 기온이 바깥보다 2~3도쯤 낮아 가능한 축제였던 것이다.

숲으로, 책으로 떠나는 이 유일무이한 여름 피서는 누구와 함께 떠나면 좋을까나.

츠나구 쇼쿠도 つなぐ食堂

츠나구 쇼쿠도에서 점심 식사를 마친 뒤 이런 상상을 해보았다. 오소자이おそうざい(반찬) 플레이트와 내추럴 와인을 앞에 두고 두어 시간쯤 대화를 나누다 식당 앞에 세워둔 자전거를 타고 각자의 집으로 귀가하는 장면 말이다. 실제로도 데마치야나기역과 가까운 이곳은 동네 주민과 근처 직장인의 비중이 높다. 일식과 서양식을 재치있게 조합한 채소요리와 샤퀴테리가 함께 제공되는 세계 오소자이 플레이트世界のおそうざい盛り合わせ는 낮밤 어느 때에 즐겨도 좋을 밥과 술 친구. 수시로 바뀌는 계절 디저트와 메뉴 또한 궁금해지는 곳이다.

Data

주소 京都市左京区田中下柳町1-12
운영시간 12:00~15:00, 18:00~22:00
휴무일 일, 월, 목요일 점심(부정기)
메뉴 세계 오소자이 플레이트, 아부리차슈덮밥あぶりチャーシュー丼
전화 075-286-7748
홈페이지 tsunagushokudo.wixsite.com/mysite
SNS instagram.com/izuyo124

팩토리 카페 코센 Factory kafe 工船

학교를 연상시키는 복도를 지나 미닫이문을 드르륵 열어젖히면 로스팅 기계의 부산한 소음과 원두 향이 가장 먼저 손님을 맞는다. 어쩐지 신뢰가 드는 첫인상. 알고 보니 팩토리 카페 코센의 운영과 로스팅을 맡고 있는 오오야 커피ooya coffee는 일본의 커피 애호가 사이에서 유명한 로스터리라고 한다. 메뉴판 상단의 세계지도에는 그날 취급하는 원두의 산지와 로스팅 정도가 친절히 기재되어 있으며, 따뜻한 커피를 주문할 경우 산뜻한 맛과 진한 맛 중 고를 수 있다.

Data

주소 京都市上京区河原町通今出川下ル梶井町448 清和テナントハウス 2F G호
운영시간 12:00~21:00 **휴무일** 화 **전화** 075-211-5398
홈페이지 ooyacoffeeassociees.com/navi/kafekosen

아티자날 Artisan'Halles

프랑스빵을 전문으로 하는 블랑제리로 묵직한 목재로 감싼 외관은 빵집이라기보다 모던한 갤러리의 면모를 풍긴다. 깔끔하게 배치된 진열대에는 바케트, 캄파뉴, 크루아상 등 대표적인 프랑스빵부터 멜론빵, 소시지롤과 같은 일본풍 식사빵까지 골고루 갖춰져 있다. 특히 그중에서도 크루아상과 팽 오 쇼콜라, 데니쉬 계열의 빵은 꼭 한번 시도해 보길. 가까이 있는 가모가와 델타에서 '빵식'을 즐겨도 좋다.

Data

주소 京都市上京区一真町89
운영시간 09:00~19:00
휴무일 수, 목

데마치후타바 出町ふたば

1899년 창업한 데마치후타바의 인기는 100여 년이 흐른 현재까지도 변함없다. 오픈 시각에 맞춰 도착했음에도 긴 행렬의 끄트머리에 줄을 서야 할 정도. 대표 메뉴는 검은콩이 쏙쏙 박힌 찹쌀떡 마메모치豆餅로 쫄깃한 반죽 속에 달짝지근한 팥앙금이 가득 차 있다. 벚꽃이 만개한 시즌에만 선보이는 사쿠라모치桜餅 또한 별미다. 쌀알이 결결이 살아 있는 찹쌀떡을 소금에 절인 벚나무잎으로 감싸 '단짠'의 묘미를 맛볼 수 있다.

Data

주소 京都市上京区出町通今出川上ル青龍町236
운영시간 08:30~17:30
휴무일 화
메뉴 마메모치, 사쿠라모치

사보 이세한 茶房 いせはん

"드디어 달콤한 정원으로!"
디저트를 너무도 사랑하는 세일즈맨의 일상을 다룬 일본 드라마 속 대사다. 이세한의 안미츠를 첫 대면한 순간 바로 그 대사가 떠오른 건 그릇에 담긴 알록달록한 색감 때문이었다. 말차로 색을 낸 우뭇가사리 묵과 팥알, 소프트아이스크림, 경단을 차곡차곡 쌓아 올린 모습이 달콤한 정원 그 자체! 1930년대부터 도쿄 긴자에서 즐겨 먹기 시작한 안미츠는 여름에 특히 사랑받는 디저트다. 시럽의 은근한 단맛과 토핑의 조화를 즐기는 디저트인 만큼 원재료에 대한 이세한의 고집은 유별난 편. 귀한 교토 단바산 팥과 오키나와산 흑설탕, 데마치후타바의 떡 등을 사용해 맛을 높였다.

Data

주소 京都市上京区青龍町242
운영시간 11:00~L.O 18:00 **휴무일** 화
메뉴 이세한 안미츠いせはんあんみつ, 시라타마 안미츠白玉あんみつ, 안미츠 코오리(빙수)あんみつ氷
전화 075-231-5422
홈페이지 isehan-kyoto.com
SNS instagram.com/sabouisehan

작은 호기심이
이끄는 대로

이치조지 · 에이잔 전차

에이잔 전차叡山電車를 타고 온천 여행을 떠났다. 규모는 작지만 교토에도 온천이 있다. 데마치야나기역에서 구라마 온천くらま温泉이 있는 구라마역鞍馬駅까지 단 30분. 가벼운 마음으로 부담 없이 다녀오기 딱 알맞은 거리다.

구라마 온천으로 향하는 짧은 여정은 기대 이상으로 즐거웠다. 교토 북부의 주택가와 삼거리를 가로지르는 한 량 짜리 노면 전차는 한없이 사랑스럽고, 삼나무 숲에 에워싸인 좁은 기찻길은 낭만적이다. 어느 가을에는 파노라마 전망 열차인 키라라きらら를 타고 단풍놀이를 만끽하기도 했다. 단풍 터널로 유명한 이치하라역市原駅~니노세역二ノ瀬駅 구간을 통과할 땐 전면의 파노라마 창이 붉게 물들며 장관을 이루는데, 객차 안의 모두가 같은 방향을 바라보며 나지막이 탄성을 내뱉었다.

구라마 온천의 백미는 야외 노천탕이다. 고개를 들면 푸른 하늘과 삼나무 꼭대기의 여린 잎들이 시야를 가득 채운다. 내가 입장했을 땐 손녀로 보이는 두 사람이 전망 좋은 자리에 오붓이 앉아 풍경을 즐기고 있었다. 턱 아래까지 깊숙이 몸을 담근 채 나는 두 눈을 지그시 감아보았다. 서늘한 산바람이 젖은 피부에 닿을 때마다 온몸 구석구석 행복이 뻗쳐왔다.

온천욕을 마친 뒤에는 곧장 숙소로 돌아가지 않고 이치조지역一乗寺駅에서 하차할 계획이었다. 그곳에 게이분샤 서점恵文社 一乗寺店이 있기 때문이다. 10여 년 전 처음 다녀간 이후 교토에 올 때마다 책갈피를 꽂는 마음으로 게이분샤 서점을 방문하고 있다. 인생이 한 권의 책이라면 이 페이지 즈음 교토에 머물렀었지, 하고 펼쳐볼 수 있도록.

느지막한 오후 무렵 에이잔 전차를 이용하는 승객은 거의 없는 듯했다. 덜컹이는 전차의 리듬에 맞춰 몸이 작게 들썩일 때마다 하품이 터져 나왔다. 몸도 마음도 한껏 늘어지고 노곤해진 상태. 정거장을 놓치면 곤란할 테니 기관사 어깨너머의 풍경에 시선을 고정시킨 채 안내 방송에 유심히 귀를 기울였다.

다음 역은 슈가쿠인역입니다.

몇 정거장쯤 남았나 머릿속으로 헤아려 보려는 그때 불현듯 여기서 내려야겠다는 충동이 일었다. 이상하지, 어째서 지금껏 철로를 따라 걸어 볼 생각을 하지 않았을까. 오래 고민할 것 없이 서둘러 백팩을 어깨에 둘러메고 빠트린 물건은 없는지 좌석 주변을 빠르게 훑어보았다. 졸음은 진작에 달아났다. 그렇게 나는 작은 호기심이 이끄는 방향으로 새로운 여행을 시작해 보기로 했다.

횡단보도가 아닌 건널목을 건널 때는 가슴이 미묘하게 두근거렸다. 댕댕- 하고 먼 데서 들려오는 북소리처럼 전차가 다가오고 있음을 알리는 신호가 울릴 때는 더더욱. 주민들에겐 생활의 일부인 전차가 내겐 미지의 무엇, 과거로부터 전송된 편지처럼 느껴졌다. 건널목 주변

을 서성거리는 동안 해는 뉘엿뉘엿 넘어가고 서너 대의 자전거가 그림자를 길게 늘어뜨리며 내 앞을 빠르게 지나쳐 갔다. 일과를 마치고 집으로 돌아갈 시각이다.

문득 익숙한 살 냄새가 배어 있는 나의 작은 방이 그리워졌다. 이대로 전차에 올라타 도착한 곳이 집 근처 어딘가라면 얼마나 좋을까. 하지만 헛헛한 생각은 잠시일 뿐 오랜만에 재회할 서점을 향해 다시 가볍지도 무겁지도 않은 걸음을 터덜터덜 옮겨 본다.

* 구라마 온천은 현재 임시 휴업 중이다. 영업 재개 소식은 홈페이지에서 확인할 수 있다.

つばめ

츠바메 つばめ

이치조지를 떠올리면 자연스레 두 장소가 머릿속에 그려진다. 서점 게이분샤 이치조지텐과 카페 츠바메다. 언제 어느 때나 그 자리에 있을 것만 같은 안정감, 동네 골목에 친근히 스며든 분위기, 하릴없이 머물고픈 편안한 공기. 대단치 않아 보이는 이 조건을 적절히 충족하는 공간을 만나기란 꽤나 어려운 일임을 알기에 더욱 애착이 가는 공간들이다. 밝고 경쾌한 분위기의 이곳은 오늘의 정식과 커피, 디저트를 중심으로 운영된다. 어떤 메뉴든 평균 이상의 안정적인 맛. 사실 츠바메에서 가장 맛있는 것은 창 너머로 유유히 흐르는 동네 풍경과 햇살이다.

Data

주소 京都市左京区一乗寺払殿町50-1
운영시간 11:30~20:30(L.O 20:00)
휴무일 일
전화 075-723-9352
SNS instagram.com/tsubame_ichijouji

팡노치하레 ぱんのちはれ

입구에 들어서자마자 '여기는 분명 맛있겠구나' 싶은 기분 좋은 예감이 들 때가 있다. 이치조지역 초입에 자리한 팡노치하레가 그렇다. 바통 터치하듯 이어지는 행렬은 물론이요, 트레이 가득 쌓아 올린 먹음직스러운 빵 언덕이 그 예감에 더욱 힘을 실어 준다. 준비된 빵 종류도 무척 다양한 편. 그중 무엇을 골라야 할지 고민스럽다면 스태프의 오스스메(추천)를 참고하도록 하자. 손글씨로 작성한 귀여운 설명문이 선택을 도와준다. 그럼에도 대표 빵을 꼽자면 반숙계란 카레빵半熟たまごのカレーパン과 피크닉샌드ピクニックサンド. 양배추가 들어간 피크닉샌드는 채소를 듬뿍 섭취하길 바라는 마음으로 고안한 메뉴라고.

Data

주소 京都市左京区一乗寺南大丸町48-6
운영시간 10:00~19:00
휴무일 수
전화 075-703-6710
SNS instagram.com/pan_nochi

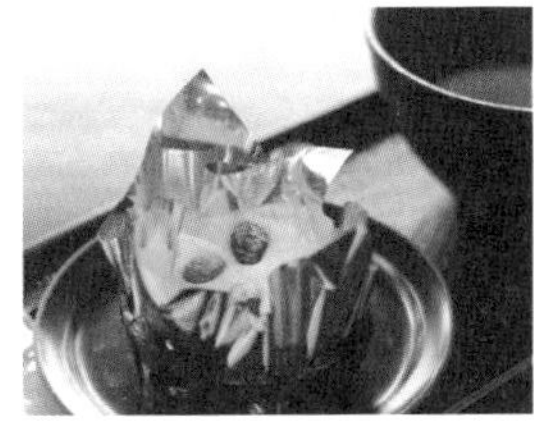

이치조지 나카타니 一乗寺中谷

1935년부터 이치조지 지역의 향토 과자 데치요캉でっち羊かん을 만들어온 이치조지 나카타니가 새로운 전환점을 맞고 있다. 화과자 장인인 남편과 파티시에르 아내가 가업을 이어받으며 일본과 서양이 결합된 나카타니만의 과자를 선보이면서다. 그 대표적인 디저트가 바로 키누고시료쿠차 티라미수絹ごし緑茶てぃらみす. 흰 앙금과 두유, 말차를 활용한 티라미수로 최고급 단바산 팥과 검은콩, 달게 졸인 완두콩으로 윗면을 장식해 일본식 정원인 가레산스이를 형상화했다. 티라미수의 부드러운 달콤함을 일본 식재료와 조리법을 통해 성공적으로 구현해 낸 것. 온라인으로 택배 주문할 경우 대기 기간만 9개월이라고 하니 이치조지에 간다면 반드시 매장 안 카페에서 티라미수를 맛보길!

Data

주소 京都市左京区一乗寺花ノ木町5 **운영시간** 09:00~18:00(카페 L.O 17:00)
휴무일 수 **메뉴** 키누고시료쿠차 티라미수, 데치요캉, 자루와라비ざるわらび
전화 075-781-5504 **홈페이지** ichijouji-nakatani.com **SNS** instagram.com/ichijoujinakatani

몬티크 Montique

물건을 뜻하는 일본어 '모노物'와 '앤티크'의 합성어 몬티크는 일본과 프랑스에서 수집한 빈티지 제품을 판매하는 상점이다. 한때 내게는 앤티크숍에 대한 일방적인 편견이 있었다. 상상을 초월한 가격일 것이라고 지레짐작하는 바람에 그 분위기를 온전히 즐기지 못한 것이다. 다행스럽게도 몬티크에서 만난 작고 오래된 물건 가운데는 마음을 동하게 만드는 적정 가격대의 아이템이 곧잘 보인다. 벨기에의 어느 약국에서 쓴 종이상자, 프랑스 학교의 졸업증명서가 담긴 액자처럼 아름답지만 효용 없는 물건들에 눈길이 머무르지만 결국 실용성을 택한 나는 손바닥만 한 티크Teak 트레이를 구매했다.

Data

주소 京都市左京区一乗寺払殿町12-2 寺岡ビル 1F
운영시간 11:00~18:00
휴무일 둘째 · 넷째 주 수, 목, 부정기(인스타그램 공지)
전화 075-711-1785 **홈페이지** pour-montique.com
인스타그램 instagram.com/montique_kyoto

츠케멘 에나쿠 つけ麵 恵那く

사실 이치조지는 교토의 라멘 격전지로 유명한 지역이다. 구글맵을 확대해 살펴보면 수많은 라멘 식당이 치열한 경쟁을 펼치고 있는데, 그중 10여 년 이상 상위 랭크를 유지하고 있는 에나쿠는 츠케멘만을 취급하는 전문 식당이다. 메뉴 역시 츠케멘, 매운 츠케멘, 카레 츠케멘 단 세 가지. 여기에 토핑 종류와 온/냉 옵션, 면 양(소, 보통, 중, 대)을 선택할 수 있다. 육류와 해산물을 혼합해 끓인 수프는 다소 진하고 무거운 느낌이지만 직접 제면한 우동 굵기의 면발을 적셔 먹기에 딱 알맞은 농후함이다. 깔끔하게 정리된 카운터석은 대부분 혼자 온 손님들로 가득한 편. 회전율이 빨라 긴 웨이팅도 감수할 만하다.

Data

주소 京都市左京区一乗寺高槻町20-2
운영시간 11:30~15:30 **휴무일** 화
메뉴 토쿠세 츠케멘得製つけめん, 타마니쿠 츠케멘玉肉つけ麺 **전화** 075-201-1931

경양식 식당과 대파 한 단

기타오지

혼자 다니는 여행을 즐기는 쪽이지만 어떤 장소에서는 그 사람과 함께 왔으면 싶은 아쉬움이 들 때가 있다. 나만큼, 아니 어쩌면 나보다 더 이곳을 만끽해 줄 그의 말간 표정을 떠올리면서.

기타오지北大路라면 누가 좋을까. 유명 브랜드나 힙한 카페보다 나무 이름을 더 많이 기억하는 사람, 그늘보다 햇빛 아래 머무르는 사람, 대화를 즐기지만 가끔은 적막에 잠기는 사람. 그런 사람이라면 강변을 따라 늘어선 가로수와 식물원이 있는 이곳을 분명 좋아하리라.

함께 오지 못한 아쉬움은 저녁 메뉴를 고르는 순간에도 어김없이 찾아온다. 교토부립식물원을 둘러본 뒤 그릴 하세가와에서 식사를 하기로 마음먹은 날도 그러했다. 그릴 하세가와는 여행을 준비할 때부터 꼭 가보리라 벼른 식당이다. 교토의 경양식이라면 바로 이곳이라 할 만큼 여러 경로를 통해 추천받은 곳이었다.

웨이트리스에게 안내받은 자리는 벽을 마주 보는 1인석이었다. 내 양옆에는 사십 대쯤으로 보이는 남성과 노년의 여성이 각각 앉아 있었다. 두 사람 다 이제 막 도착한 참인지 메뉴판을 골똘히 살피는 중이다. 나 역시 무엇을 먹을지 미리 정하고 왔음에도 막상 메뉴판을 펼쳤을 땐 선뜻 결정을 내리지 못하고 마음이 신중해졌다. 세상 모든 이의 입맛을 맞추겠다는 야심인지 단품과 세트 가짓수만 수십 가지. 이 중에서 겨우 단 한 가지 메뉴만 골라야 한다는 사실이 서글퍼질 지경이었다.

가까스로 메뉴를 주문하고 나서야 식당 안에 피아노 연주곡이 흘러나오고 있음을 알아차렸다. 주둥이가 긴 주전자로 물을 따라주는 웨이트리스의 앳된 얼굴과 깍듯하게 차려입은 유니폼의 어설픈 조화도, 30년 전쯤 집 거실 벽에 걸려 있었던 뻐꾸기시계도 차례로 눈에 들어

왔다. 그리고 장바구니 밖으로 비죽 올라온 싱싱한 대파 한 단까지. 옆자리 머리 희끗한 할머니의 좌석 밑에 놓여 있던 대파였다.

궁금했다. 저 고운 할머니는 얼마나 자주 이 식당에 오시는 걸까. 일주일마다? 한 달에 한 번쯤? 장바구니를 들고 온 모양새로 짐작건대 무시로 들르는 단골이 아닐까? 이따금 저녁 식사를 하러 들르는 것일지도. 특별한 기념일이어서가 아닌, 그저 평범한 어떤 날에 스스로를 대접하고자 하는 마음은 어디서부터 비롯된 것일까.

순서대로 주문한 음식이 나오고 내 앞에는 고심 끝에 고른 크로켓과 에비후라이 접시가 놓였다. 아무 날에 맛보는 이 만찬을 어쩐지 아주 오랫동안 기억하게 될 것만 같은 기분이다.

와이프 앤드 허즈밴드

WIFE&HUDSBAND

그 이름처럼 부부가 함께 운영하는 앤티크 카페. 세월의 흔적이 짙게 밴 테이블과 소품으로 둘러싸인 공간에는 분침이 느린 고장 난 시계가 걸려 있을 것만 같다. 나긋한 목소리로 줄지어 선 손님을 맞는 두 사람에게선 조금의 조바심도 느껴지지 않는다. 날씨가 허락한다면 피크닉 바스켓을 대여해 근처의 가모가와로 짧은 소풍을 떠나보자. 짙은 녹음 한가운데서 즐기는 호젓한 티타임은 여행의 템포를 한 박자 늦춰준다.

* 피크닉 바스켓
한 팀당 최대 6인까지 이용 가능하며 커피, 러스크, 컵 등이 포함돼 있다. 대여 시간은 90분, 금액은 1400엔. 스툴, 벤치, 폴딩 테이블 등은 필요한 개수만큼 추가 금액을 내고 빌릴 수 있다. 대여는 오후 3시 마감.

Data

주소 京都市北区小山下内河原町106-6
운영시간 10:00~17:00(L.O 16:30), 사전 예약제 운영(매달 15일 홈페이지 예약 오픈)
휴무일 일, 월, 목 (홈페이지 공지)
전화 075-201-7324
홈페이지 wifeandhusband.jp
SNS instagram.com/wifeandhusband_kyoichi

사료 호센 茶寮 宝泉

일본식 정원을 갖춘 교토의 숱한 공간들 사이에서 사료 호센의 정취는 단연 돋보적이다. 100년이 훌쩍 넘은 가옥의 다다미 복도를 따라 안으로 들어서면 공간의 주인공인 정원이 등장하는데, 후스마(미닫이문)를 활짝 개방해두어 더욱 드라마틱한 장면이 연출된다. 계절 화과자와 팥죽의 일종인 젠자이도 유명하지만 이곳의 백미는 와라비 모치다. 오키나와산 흑설탕 시럽을 끼얹은 표면 위로 정원의 푸른 녹음이 스미는 멋이야말로 사료 호센의 와라비 모치가 특별한 이유. 100% 와라비 가루와 설탕, 물만으로 반죽해 시간이 지날수록 식감이 단단해지니 서빙된 즉시 맛봐야 한다.

Data

주소 京都市左京区下鴨西高木町25 **운영시간** 10:00~16:30
휴무일 수, 목 **메뉴** 와라비 모치, 히야시시로 젠자이冷し白ぜんざい **전화** 075-712-1270 **홈페이지** housendo.com
SNS instagram.com/housendo.kyoto

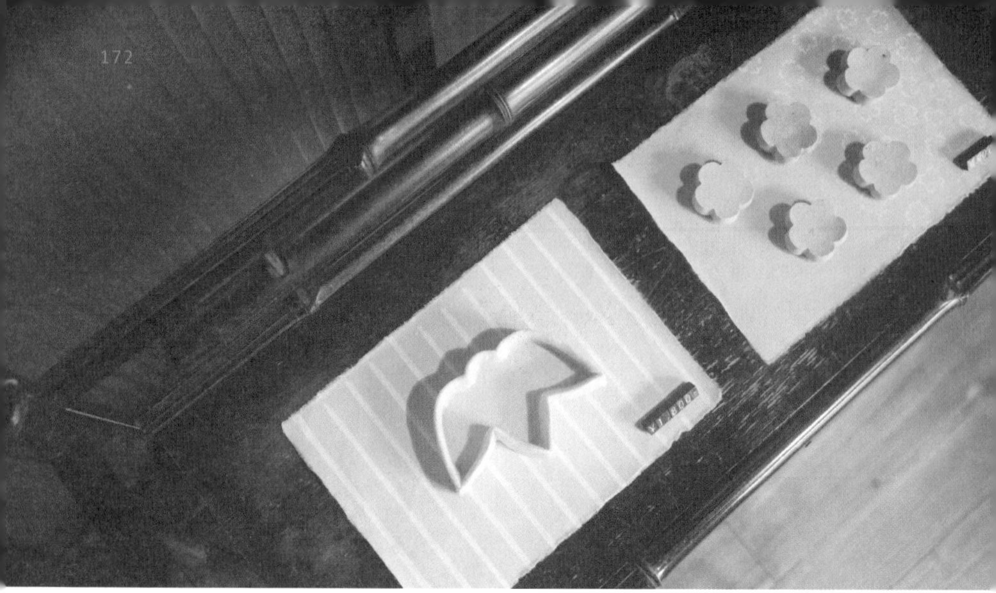

슈키 코요이도 酒器 今宵堂

함께 도예를 공부한 두 사람이 부부가 되어 꾸려 가는 소규모 술잔 공방. 평일에는 작업 공간으로, 주말에는 공방을 개방해 직접 빚은 사케 병과 잔, 안주를 담기 좋은 소담한 접시 등을 판매한다. 평범한 민가의 문을 열어 젖히자마자 가장 먼저 눈에 띈 것은 역시나 전기 가마. 신발을 벗고 들어선 실내에도 물레와 초벌 전의 잔들이 늘어서 있다. 퇴근 뒤 반주를 즐기는 친구를 위해 선이 고운 사케 잔과 제비 모양의 백자 접시를 구입했다. 자신을 위한 특별한 술잔을 찾고 있다면 부담스럽지 않은 가격대의 이곳을 추천한다.

 **Data**

주소 京都市北区小山上内河原町52-5 **운영시간** 12:00~18:00
휴무일 부정기(홈페이지 공지) **전화** 075-493-7651
홈페이지 koyoido.com **SNS** instagram.com/koyoido

그릴 하세가와 グリル はせがわ

교토의 경양식 성지라 불릴 만큼 현지 주민과 여행객 모두의 사랑을 받는 식당이다. 60여 년의 세월이 묻어나는 내부는 얼핏 촌스러워 보이지만 격식을 갖춘 그 시절 레스토랑의 면모가 느껴진다. 그릴 하세가와에서는 두 번 크게 놀라게 되는데 그중 하나는 압도적인 메뉴 리스트다. 경양식의 꽃이라 할 수 있는 햄버그를 필두로 에비후라이, 치킨카츠 등을 조합한 세트 메뉴만도 수십 가지. 이곳의 맛을 제대로 느끼고 싶다면 10년간의 시행착오 끝에 완성됐다는 햄버그와 에비후라이가 함께 나오는 A믹스를 고르면 된다. 특히 몸통을 양쪽으로 벌려 튀긴 에비후라이는 그 사이즈에 깜짝 놀랄 정도. 에비후라이뿐 아니라 대부분의 메뉴가 푸짐한 볼륨을 자랑하는데, 접시 한가득 나오는 튀김이 다소 부담스러울 즈음 쌀밥과 된장국이 속을 편안하게 달래준다. 포장도 가능하니 날이 좋다면 도시락을 테이크아웃해 소풍을 나서보자.

 **Data**

주소 京都府京都市北区小山下内河原町68
운영시간 11:00~15:00, 17:00~20:00
휴무일 월, 둘째・셋째 주 화(인스타그램 공지)
메뉴 A믹스(새우와 햄버거)Aミックス(エビとハンバーグ), B믹스(새우와 돈까스)Bミックス(エビとトンカツ) **전화** 075-491-8835
SNS instagram.com/grill__hasegawa

바람과
나란히 달리기

니시진 · 시치쿠

기분 전환이 필요할 때 핸드드립 커피를 내린다. 맛보다는 행위가 주는 충족감 때문이다. 전기 포트의 물이 끓길 기다리는 동안 드리퍼와 서버, 커피잔을 정돈하고 종이필터에 원두 가루를 덜어 담는 단순한 과정을 하나씩 거치다 보면 실타래처럼 얽혀 있던 머릿속이 스르르 풀리는 기분이 든다. 나선형으로 떨어지는 물줄기에 원두가 봉긋 부풀고 가라앉길 반복하는 사이 물결치던 마음은 호수처럼 잔잔해져 있다. 가쁜 호흡으로 달리던 하루에 쉼표를 찍는 시간이다.

핸드드립 커피를 내릴 수 없는 여행 중에는 버스가 쉼표 역할을 대신하곤 했다. 아무런 해프닝도 일어나지 않을 것 같은 주택가를 걷는 게 지루해지거나, 소나기가 내리는 어스름한 대낮에는 주저 없이 버스에 올라탔다. 먼 여정을 떠나는 듯한 기대감, 버스 뒷자석의 안락함이 동시에 밀려들 때면 이대로 영영 내리지 않아도 좋다는 마음에까지 이르렀다.

이제부터 할 일은 창밖을 내다보는 것뿐. 창틈으로 스미는 차가운 공기가 이마에 닿을 때면 마치 바람과 나란히 달리는 것만 같은 기분 좋은 착각이 인다. 교토에서는 버스를 타는 일이 특별히 더 즐겁다. 관광지를 통과하는 특정 노선을 제외하면 대체로 한산한 편인 데다 대중교통을 대하는 버스 기사나 승객의 느긋한 태도와 질서가 좋다.

가끔은 버스 안에서 짧은 소동극을 목격하기도 한다. 정류장 이름을 잘못 안내 방송한 버스 기사의 작은 실수에 모든 승객이 꺄르르 웃음을 터트리기도 하고, 내려야 할 정류장을 묻는 외지인의 질문에 손가락을 하나씩 접으며 도로명을 곱씹던 할머니의 다정한 모습 같은 것

들. 교토 사람들은 동서/남북 방향으로 뻗은 도로명을 외우기 위해 노래를 배우기도 한다는 이야기가 문득 떠올랐다.

버스를 타고 가보면 좋을 지역을 꼽으라면 역시 니시진西陣과 시치쿠紫竹가 먼저 떠오른다. 교토 북서쪽에 위치한 곳으로 중심가와 다소 떨어져 있고 관광지와 묶어 둘러 보기에도 애매한 동네이지만 바로 그 이유 때문에 남다른 애착이 생겼다. 반드시 봐야 하는 것, 느껴야 할 것 없는 소박하고 단순한 하루가 허용되는 곳이기 때문이다. 아무것도 하지 않을 자유. 내 마음에도 아직 그런 여유가 남아 있길 바라며 나는 매번 버스에 오른다.

시치쿠의 유명 소바 식당 오가와의 오픈을 기다리는 동안 사거리 건너편 서커스 커피를 방문했다. 로스팅 중인 매장 안은 공기 중에 녹아든 원두의 달고 고소한 향으로 가득 차 있었다. 일본어가 좀 더 유창했다면 마스터가 엄선한 스페셜티 커피에 대해 요모조모 물어보았을 텐데 아쉬운 대로 여러 번의 시향 끝에 동티모르산 원두를 골라 들었다. 봉긋 부풀어 오르는 원두의 나긋한 움직임을 응시하는 순간을 고대하면서. 물론 당분간은 커피를 내릴 때마다 교토를 그리워하는 마음을 진정시키느라 곤욕을 치러야 하겠지만 말이다.

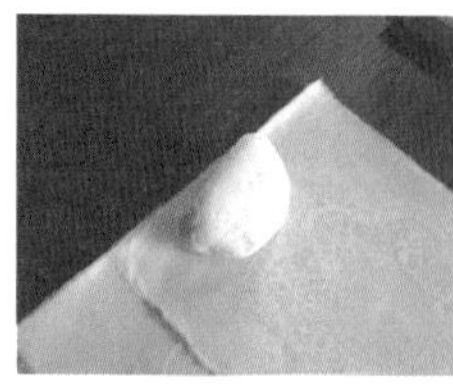

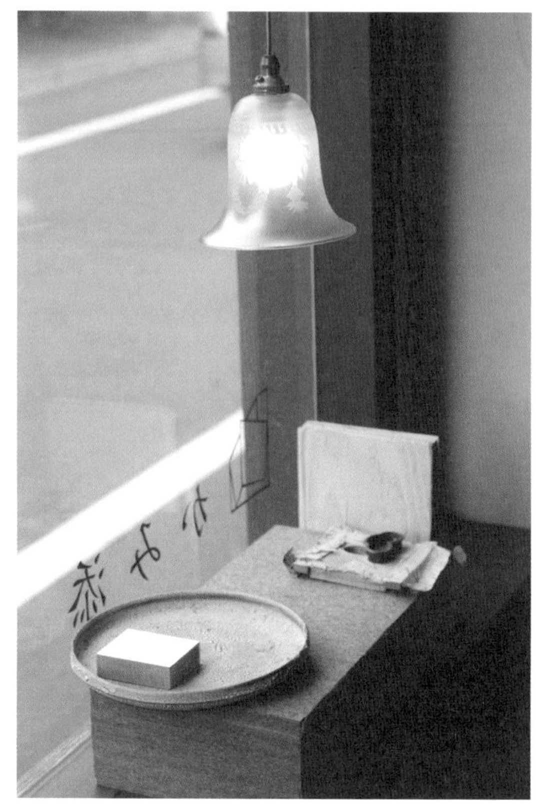

Data

주소 京都市北区紫野東藤ノ森町11-1
운영시간 12:00~18:00
휴무일 월, 부정기
전화 075-432-8555
홈페이지 kamisoe.com
SNS instagram.com/kamisoe_kyoto

카미소에 かみ添

일본의 전통 인쇄기술이 집약된 당지를 선보이는 공방이다. 수공예 종이인 당지는 헤이안 시대 귀족들이 시나 편지를 남기는 용도로 쓰이다가 점차 대중에 보급되면서 병풍, 벽지 등 실내를 장식하는 데 두루 사용됐다. 양각 문양을 새긴 판목으로 한 점씩 완성되는 당지의 매력은 안료와 빛의 각도에 따라 종이의 질감, 감촉이 달라지는 데 있다. 디자인을 전공한 뒤 교토에 몇 남지 않은 당지 공방에서 경험을 쌓은 가토 히로 씨의 당지는 기하학적인 문양이 가미된 미니멀한 디자인이 특징. 2023년 작고한 피아니스트 류이치 사카모토의 직필 악보를 담은 당지 카드는 카미소에에서만 만나볼 수 있다. 따뜻한 푸른 빛을 띠는 당지는 액자에 넣어 작품처럼 바라보고 싶어진다.

우메조노사보 うめぞの茶房

여백으로 채운 공간의 단아함에 먼저 매료되고 마는 카자리캉かざり羹 전문점. 화과자의 종류인 양갱에 계절과일, 견과류, 생크림 등을 얹어 꾸민 카자리캉을 선보인다. 예술작품처럼 섬세하게 장식된 양갱은 한입 베어 먹기 아쉬울 만큼 아름다운 데다 맛 또한 다채롭다. 전통적인 재료인 팥 외에 말차, 레몬, 코코아, 블루베리 등을 사용해 현대적으로 재해석했다. 고소한 호지차와 센차, 계절을 담은 시즈널 티는 양갱의 단맛과 더없이 잘 어울린다.

Data

주소 京都市北区紫野東藤ノ森町11-1
운영시간 11:00~18:30(L.O 18:00)
휴무일 부정기
메뉴 카자리캉
홈페이지 umezono-kyoto.com/nishijin
SNS instagram.com/umezono_kyoto

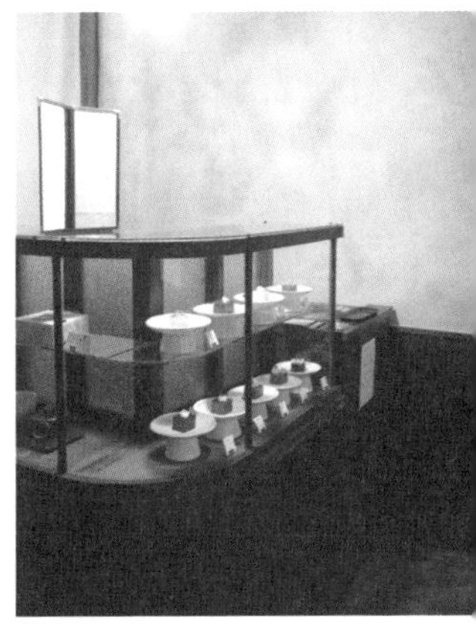

오가와 おがわ

작은 규모의 단출한 소바 전문점. 알고 보면 미슐랭 원스타를 받은 유명 식당이다. 사람들이 가장 즐겨 찾는 메뉴는 체에 밭쳐 나온 면발을 츠유에 찍어 먹는 자루 소바ざるそば. 국물이 있는 온소바를 원한다면 가케 소바를 주문하면 된다. 오돌토돌한 질감이 살아 있는 면발은 군마현에서 생산된 무농약 메밀을 맷돌로 제분해 치댄 것이라고. 여름마다 즐겨 먹던 매끈한 면발의 소바와 비교하면 그 향이 짙고 고소하다. 소바 맛만큼이나 인상적인 건 손님을 응대하는 여주인의 꼿꼿한 자세와 단아한 표정. 식당에 대한 자부심과 겸손함이 동시에 느껴진다.

Data

주소 京都市北区紫竹下芝本町25
운영시간 11:30~15:00(소진 시 마감)
휴무일 목
메뉴 자루 소바, 오로시 소바おろしそば, 오리소금구이鴨塩焼

서커스 커피 CIRCUS COFFEE

JCQA 생두 감정 마스터 자격을 가진 마스터가 엄선한 스페셜티 원두를 판매하는 로스터리 숍이다. 오리지널 블렌드 5종, 싱글 오리진 7종 등이 준비되어 있으며 매장에서는 오직 로스팅과 원두 판매만 이루어진다. 이곳의 장점은 원두가 생산된 농장의 히스토리를 마스터에게 직접 들을 수 있다는 것. 일본어가 능통하지 않다면 운영 중인 홈페이지와 블로그를 통해서도 정보를 얻을 수 있다. 드립백 세트, 틴케이스 등 서커스 커피의 오리지널 굿즈는 교토 곳곳의 편집숍에서 마주칠 만큼 인기 있다.

 **Data**

주소 京都市北区紫竹下緑町32
운영시간 10:00~18:00
휴무일 월, 일
홈페이지 circus-coffee.jp
SNS instagram.com/circuscoffee55

6

걸을수록 깊어지는 도시

교토에서는 대체로 이런 식이었다. 마땅한 목적지 없이 그저 어딘가를 걷고, 걷고, 또 걷는다. 그러다 가끔은 달큰한 간장 조림 냄새를 좇아 들어간 골목에서 방향을 잃기도 하고, 나무 그늘 아래 벤치에 앉아 두 눈을 감은 채 숲을 둘러싼 소리에 귀를 기울였다.

가장 기분이 좋은 순간은 개천을 만날 때였다. 교토에는 공원과 놀이터만큼이나 개천이 많다. 이끼 낀 돌다리가 놓인 실개천부터 뱃놀이를 위한 넓은 수로까지. 알고 보니 교토는 물의 도시였던 것이다. 걷지 않았다면 결코 몰랐을 사실이다.

'친구와 함께 걸었으면' 싶었던 숲과 수로 산책길을 여기 나누어본다. 최소한의 가이드로 소개한 산책 루트는 무시해도 좋다. 발길 닿는 대로 그저 걸으면 된다. 무심히, 유유하게.

숲 산책길 ; 초록의 위안

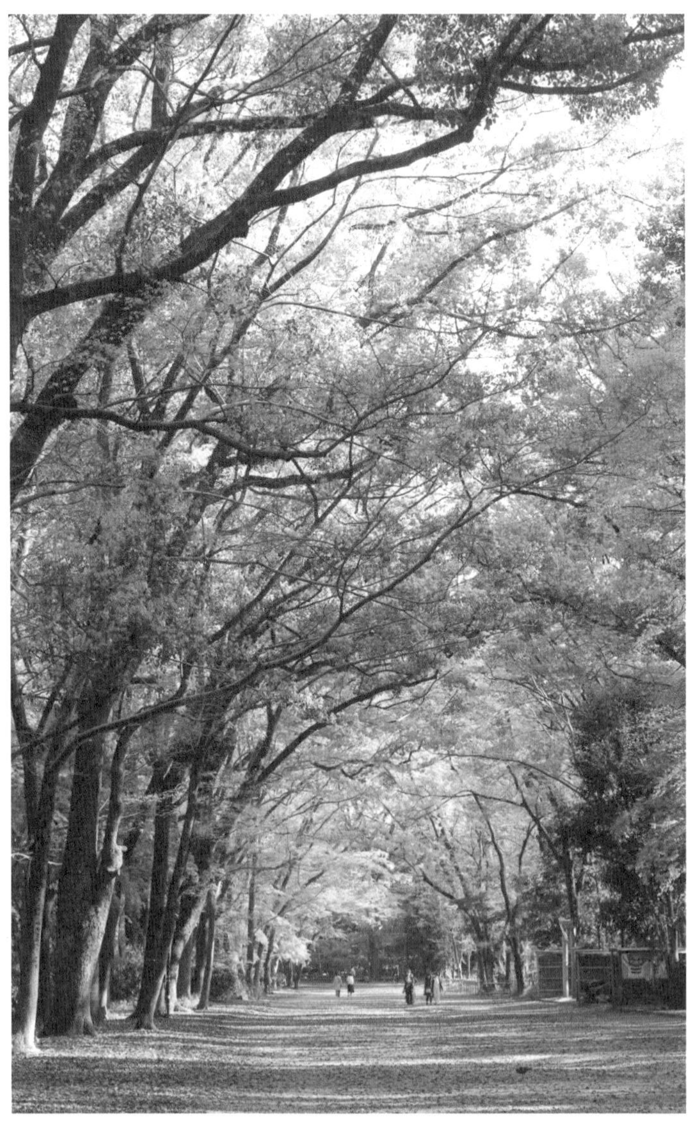

다다스노모리 糺の森

기원전 3세기의 울창한 원시림이었던 숲은 시간이 흘러 신을 모시고, 여가를 즐기는 평온한 안식처가 됐다. 교토 중심부에 위치한 다다스노모리는 수령 200년~600년 사이의 노목이 하늘을 뒤덮은 거대한 숲이다. 이파리 사이로 스며 나온 햇살이 빚은 그림자 길을 따라 걷다 보면 이곳이 교토라는 사실을 잠시 잊게 될 정도. 숲 안쪽에는 교토에서 가장 오래된 신사 중 하나이자 유네스코 세계문화유산에 등록된 시모가모 신사가 있다. 산책 후 허기가 밀려올 즈음에는 1922년 최초로 미타라시 당고みたらし団子를 선보인 찻집 '가모 미타라시차야'에서 간식을 먹으며 한숨 쉬어가도 좋다.

산책 루트
가모가와 델타 → 다다스노모리 → 시모가모 신사 下鴨神社 → 가모 미타라시차야 加茂みたらし茶屋

가까운 대중교통
게이한선 데마치야나기역

Data

주소 京都市左京区下鴨泉川町59-2-15
운영시간 다다스노모리 ~24:00, 시모가모 신사 06:00~18:00(계절별 상이)
휴무일 무휴
입장료 무료
홈페이지 tadasunomori.or.jp

교토교엔 京都御苑

뉴욕에 센트럴 파크가 있다면 교토에는 교토교엔이 있다. 약 20만 평 규모의 시민 공원인 이곳은 내게 '나무 맛집'으로 기억된다. 과거 500여 년간 왕궁과 귀족 저택이 조성되어 있었던 구역인 만큼 까마득한 높이의 거목과 아름다운 꽃나무가 곳곳에 흩어져 있기 때문이다. 특히 봄에는 매화를 시작으로 각양각색 벚나무를 원 없이 감상할 수 있다. 가볍게 소풍 나온 사람들과 자연이 빚어낸 평화로운 바람, 꽃잎들에 섞여 있다 보면 계획해 둔 일정은 잠시 밀어둔 채 마냥 게으름을 피우고 싶어진다. 공원 안에는 간단히 식사를 해결할 수 있는 휴게 공간과 노포 화과자점 '사사야 이오리'에서 운영하는 카페가 있다.

Data

주소 京都市上京区京都御苑3
운영시간 ~24:00
휴무일 무휴
입장료 무료
홈페이지 kyotogyoen.go.jp

산책 루트

교토교엔 → 사사야 이오리 플러스 교토교엔SASAYAIORI+京都御苑 → 토라야 교토 이치조점

가까운 대중교통

가라스마선 이마데가와역, 마루타마치역丸太町駅

교토부립식물원 京都府立植物園

여행 일정에 식물원을 추가하기란 꽤 망설여지는 일이다. 식물에 깊은 조예가 있거나, 세계 각지의 식물원을 방문하는 것이 목표가 아닌 이상에야 굳이 시간을 들이지 않는다. 어딜 가든 식물원은 다 비슷비슷하다는 선입견도 은연중에 영향을 미쳤으리라. 하지만 식물원만큼 한 도시의 인상과 사계절을 두루 경험할 수 있는 곳이 있을까. 그 도시의 사람들이 가장 귀하게 여기고 아끼는 것 역시 식물원에 있다. 개원 100주년을 앞둔 교토부립식물원은 일본 최대급의 온실을 갖추고 있어 어느 계절에 가도 볼거리가 풍부하다. 특히 궂은 날씨로 일정이 취소됐을 때 식물원의 안온함은 더할 나위 없는 대안이 된다.

 **Data**

주소 京都市左京区下鴨半木町
운영시간 09:00~17:00(입장 마감 16:00)
휴무일 무휴
입장료 200엔, 온실 관람료 200엔
홈페이지 pref.kyoto.jp/plant

산책 루트
나카라기노미치 산책로(수양벚꽃길) ➡ 교토부립식물원 ➡ 와이프 앤드 허즈밴드(p.170)

가까운 대중교통
가라스마선 기타오지역, 기타야마역北山駅

Data

주소 京都市東山区粟田口三条坊町69-1
운영시간 09:00~17:00(입장 마감 16:30)
휴무일 무휴 **입장료** 600엔
홈페이지 shorenin.com

쇼렌인 青蓮院

야사카진자와 헤이안진구 사이에 자리한 쇼렌인은 그리 유명한 관광지는 아니다. 그럼에도 어쩌다 나는 쇼렌인을 목적지로 삼게 됐을까. 기억을 돌이켜보면 그건 천연기념물로 지정된 다섯 그루의 녹나무 때문이었다. 땅에 단단히 뿌리 박은 기둥과 나뭇가지, 사방으로 푸른빛을 내뿜는 이파리의 기세에 얼마나 놀랐던지. 800여 년 전부터 사찰을 지킨 거목다웠다. 쇼렌인의 또 다른 매력은 지나치게 크지도 작지도 않은 규모의 정원이다. 슬렁슬렁 경내를 둘러본 뒤 툇마루에 걸터앉아 고요에 잠기는 시간은 오롯이 나만의 것.

산책 루트
쇼렌인 → 마루야마 공원&야사카진자 → 살롱 드 무게 (p.056)

가까운 대중교통
도자이선 히가시야마역東山駅, 진구미치神宮道 정류장

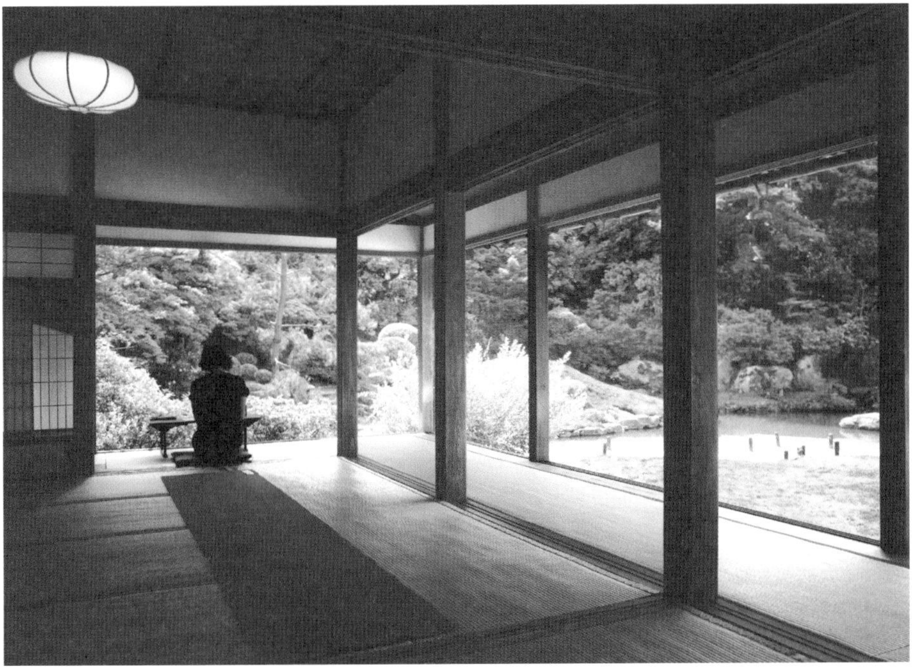

수로 산책길 ; 홀가분한 걸음

기쿠하마 마을·다카세가와 옛 수로 菊兵·高瀬川

옛 수로가 흐르는 이 길을 우연히 들어섰을 때 내적 탄성을 지르고 말았다. 냇물 곁에선 이름 모를 들꽃이 자라고, 깨끗하게 정돈된 거리는 한산하지만 적적하지 않았다. 보행기에 귀여운 시츄를 태우고서 산책하는 두 할머니의 느긋한 걸음을 따라 걸으며 생각했다. '내가 그리던 여행의 속도란 딱 이 정도구나!'

교토에 올 때마다 나는 빠짐없이 이 거리를 걷는다. 그러다 최근에 와서야 이곳이 기쿠하마라는 마을이고, 400여 년 전 교토와 후시미, 오사카를 잇는 운하를 세워 교통의 요지 역할을 했다는 사실을 알게 됐다. 과거 활발했던 교역지인 만큼 교토 도심에선 보기 어려운 오래된 대형 오차야お茶屋와 여관 건물도 남아 있다. 마을만들기 추진위원회가 발족될 만큼 기쿠하마에 대한 주민들의 애정은 대단한데 계절에 맞게 가꾼 수로가의 꽃들이 특히 아름답다. 여름의 수국은 더더욱.

산책 루트

고조 대교五条大橋 ➞ 다카세가와 옛 수로(기야초도리木屋町通) ➞ 시치조 대교七条大橋 ➞ 가이카도 카페(p.141)

가까운 대중교통

게이한선 기요미즈고조역清水五条駅, 시치조역

기온 시라가와·버드나무 가로수길 祇園白川

거리를 따라 늘어선 옛집들과 흩날리는 벚꽃, 어둑한 골목으로 사라지는 마이코의 뒷모습. 지극히 교토다운 풍경으로 익숙한 이곳은 기온, 그중에서도 시라가와 개천이 흐르는 기온 신바시 주변이다. 유명세만큼 365일 카메라 셔터음으로 들썩이는 지역이지만 아침 9시 이전에는 고즈넉한 정취를 즐길 수 있다(가장 유명한 포토스폿인 기온 타츠미바시 다리 역시 줄을 서지 않아도 된다!). 개인적으로는 시라가와잇폰바시 다리부터 헤이안진구 방면으로 이어지는 버드나무 가로수길을 각별하게 여긴다. 확연히 줄어든 인파도 반갑지만 연둣빛 버드나무가 만들어내는 부드러운 바람소리는 오직 이곳에서만 들을 수 있으므로. 가장 좋아하는 산책 루틴은 시라가와잇폰바시 다리의 벤치에 앉아 니시토미야의 크로켓을 식기 전에 맛보는 것.

산책 루트

시라가와미나미도리白川南通り ➟ 기온 타츠미바시 다리祇園巽橋 ➟ 기온 신바시 다리 ➟ 야마모토 킷사(p.224) ➟ 시라가와잇폰바시 다리 ➟ 버드나무 가로수길

가까운 대중교통

게이한선 기온시조역祇園四条駅, 도자이선 히가시야마역

철학의 길·시라가와 개천 哲学の道·白川

이곳에선 매번 시간 분배에 실패하고 만다. 한 시간쯤 산책한 뒤 커피 한잔 마시고 돌아가야지 싶다가도 철학의 길을 따라 무념무상 걷다 보면 다시 없을 이 순간을 조금 더, 조금만 더 누리고 싶어져서다. 더구나 비와호 수로를 따라 조성된 철학의 길은 구간마다 풍경이 달라져 1.8킬로미터의 산책로를 완주하는 동안에도 지루할 새가 없다. 또한 철학의 길에선 옆길로 새는 즐거움이 있다. 수로와 평행하게 흐르는 시라가와 개천 부근에는 그야말로 '일단 멈춤' 하고 싶은 카페와 식당, 서점, 공원이 즐비하기 때문이다. 여건이 된다면 요시다산 방면 주택가까지 걸음을 옮겨보기를 권한다. 여행객으로서의 설렘은 차츰 가라앉고, 평범한 일상의 한복판에 들어선 듯한 기분이 생경하면서도 어쩐지 안도감이 든다.

산책 루트
게아게 인클라인 → 난젠지 → 철학의 길 → 시라가와 개천 주변 → 긴카쿠지 → 모안(p.025)

가까운 대중교통
도자이선 게아게역蹴上駅, 긴린샤코마에錦林車庫前 정류장, 조도지浄土寺 정류장, 긴카쿠지마에銀閣寺前 정류장

서점 순례 ;눈으로 걷는 교토

Data

주소 京都市左京区一乗寺払殿町10
운영시간 11:00~19:00
휴무일 무휴
전화 075-711-5919
홈페이지 keibunsha-books.com
SNS instagram.com/keibunsha_books

게이분샤 이치조지텐 恵文社 一乗寺店

'세계 10대 서점'이라는 10여 년 전 수식어가 여전히 유효한 이치조지의 서점이다. 신간과 베스트셀러에 얽매이지 않는 자체 도서 선정 시스템, 기존의 서가 분류법 대신 주제별로 큐레이션한 단행본과 잡화, 기발한 이벤트 등 게이분샤는 작은 서점이 시도할 수 있는 모든 가능성을 직접 확인하며 그 과정에서 손님들과 깊은 신뢰 관계를 구축해 왔다. 여기서라면 분명 멋진 책을 발견할 수 있으리라는 믿음은 교토 중심부에서 한참 떨어진 이곳까지 사람들을 불러 모으게 한 힘이지 않았을까. 현재는 공간을 넓혀 갤러리와 이벤트 공간인 코티지가 함께 운영되고 있다.

세이코샤 誠光社

주소 京都市上京区俵屋町437
운영시간 10:00~20:00
휴무일 무휴
전화 075-708-8340
홈페이지 seikosha-books.com
SNS instagram.com/seikoshabooks

세이코샤에 대해 이야기하기 전 게이분샤 이치조지텐을 언급하지 않을 수 없겠다. 게이분샤에서 10년 넘게 점장으로 근무한 호리베 아쓰시 씨의 이력 때문이다. 오늘날의 게이분샤를 있게 한 장본인인 그의 서점은 오픈과 동시에 교토의 주목받는 공간으로 자리매김했다. 신간과 베스트셀러 목록을 탈피한 세이코샤의 서가 역시 점주의 안목을 통해 깊고 다채롭게 구성되어 있다. '책에 관한 책' '생각하는 책' '상점을 다루는 책' 등의 카테고리만 보아도 서점을 체험하는 방식에 대한 고민의 흔적이 느껴진다. 아트북, 코믹, 사진집 등도 다양하게 갖추고 있어 일본어를 모르는 여행객도 기꺼이 서점을 즐길 수 있다.

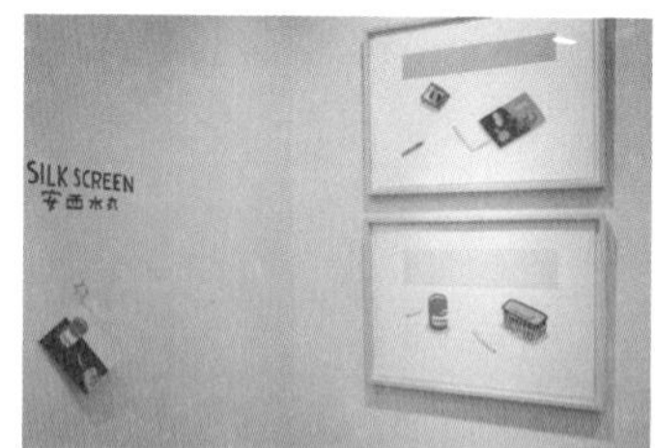

호호호자 ホホホ座

건물 외벽에 박힌 찌그러진 자동차로 유명했던 서점 가케쇼보ガケ書房가 2015년 지금의 자리로 이전하면서 호호호자라는 새로운 이름으로 문을 열었다. 이곳에서는 단행본과 매거진, 아트북, 리틀프레스 외에도 서점 오리지널 굿즈와 문구, 레코드 등을 두루 만나볼 수 있다. 호호호자는 서점인 동시에 책을 출간하는 출판사의 기능도 하고 있다. 첫 결과물인 《내가 카페를 시작한 날 わたしがカフェをはじめた日》은 교토에서 카페를 운영하는 여성들을 인터뷰한 책으로 카페 운영의 현실을 솔직하게 담은 책. 지역 사회에 탄탄히 자리매김한 서점인 만큼 교토의 출판 문화와 동향을 살피기 좋다.

Data

주소 京都市左京区浄土寺馬場町71 ハイネストビル 1F **운영시간** 11:00~19:00 **휴무일** 무휴
전화 075-741-6501**홈페이지** hohohoza.com **SNS** instagram.com/hohohozajoudoji

Data

주소 京都市左京区一乗寺大原田町23-12
운영시간 11:00~18:00
휴무일 화, 금
전화 090-1039-5393
홈페이지 mayaruka.com
SNS twitter.com/mayaruka_kosyo

마야루카코쇼텐 マヤルカ古書店

니시진에서 이치조지로 매장을 이전한 마야루카코쇼텐은 밝고 경쾌하며 문턱 낮은 헌책방이다. 요리, 문예, 그림책, 매거진 등 생활의 연장선상에 놓인 친숙한 장르의 책을 갖추고 있어 누구든 쉽게 접근할 수 있는 분위기다. 서가에 촘촘히 꽂혀 있는 책등과 표지를 훑으며, 혹은 바닥에 쭈그려 앉아 100엔 세일 박스에 담긴 10년 전 <POPEYE> 매거진을 뒤적이며 보물찾기의 시간을 보내고 싶은 곳. 게이분샤 이치조지텐과도 가까이 있어 책방 투어 코스처럼 둘러보기 좋다.

센토 순례 ; 밤의 온도

처음으로 센토에 다녀온 날을 떠올리면 입가에 미소가 번진다. 여탕과 남탕을 나눈 낮은 벽을 사이에 두고 시시콜콜한 대화를 주고받던 아빠와 어린 딸의 다정한 목소리, 젖은 머리를 설렁설렁 말린 뒤 마신 차가운 라무네 사이다가 떠올라서다. 한 도시의 꾸밈 없는 모습을 느낄 수 있는 장소로 목욕탕만큼 진솔한 곳이 또 있을까. 관광지의 소란한 공기가 가라앉은 저녁. 뜨끈한 목욕물로 하루의 피로를 씻어내다 보면 이토록 완벽한 여행의 마무리가 없겠다 싶다.

memo

센토의 요금은 450~490엔이다.
대부분의 센토에서 일회용 세면용품을 판매하고 있으며, 비치된 헤어드라이기는 동전 지불만 가능하다.
탕에 들어가기 전 반드시 샤워를 하고 긴 머리카락은 깔끔하게 묶는 것이 좋다.

Data

주소 京都市中京区堺町通錦小路下る八百屋町535
운영시간 14:00~25:00
휴무일 토
전화 075-221-6479

니시키유 錦湯

무라카미 하루키가 센토를 운영한다면 바로 이런 분위기이지 않을까. 심상한 얼굴로 반자이番臺(남여 탈의실 사이에 놓인 카운터)에 앉아 요금을 받는 중년 남성과 목욕탕 스피커로 흐르는 재즈의 조합이라니. 알고 보니 주인 하세가와 씨 역시 하루키처럼 재즈 마니아라고 한다. 놀라움은 여기서 그치지 않는다. 1927년 영업을 시작한 센토의 탈의실 안은 경험해본 적 없는 과거의 유물로 가득 차 있다. 버드나무로 짠 바구니가 라커를 대신하는가 하면 1인용 소파에 달린 헬멧의 용도는 도무지 알 도리가 없다(머리를 말리는 드라이어였다). 선반장에는 단골들의 물건인 듯 보자기로 싼 목욕 바구니가 일렬로 늘어서 있는데, 어쩌면 이들 중 누군가는 유년시절의 추억을 니시키유와 공유하고 있지 않을까.

사우나노우메유 サウナの梅湯

일본 전역의 6백여 개 센토를 순회한 '뜨거운' 청년 미나토 씨가 운영하는 목욕탕. 80여 년의 역사를 가진 우메유의 폐업 소식을 접한 그는 센토의 명맥을 잇기 위해 자진해서 지금의 자리에 섰다고 한다. 교토에서 대학을 다닐 당시 이곳에서 아르바이트를 한 적도 있다니 그야말로 기막힌 인연. 새로운 주인을 맞은 우메유는 운영 방식 또한 신선하다. 외국인 관광객을 의식한듯 요금을 받는 카운터에는 '영어 가능' 메시지가 붙어 있고, 카페에서조차 드물게 잡히던 와이파이 서비스를 탈의실에서 이용할 수 있다. 우메유에서는 아직까지 가마의 장작을 때 목욕물을 데운다. 수시로 땔감을 보충해야 하는 노동 강도를 생각하면 대단한 정성이다.

Data

주소 京都市下京区岩滝町175
운영시간 평일 14:00~26:00, 주말 06:00~12:00
휴무일 목 **SNS** twitter.com/umeyu_rakuen

히노데유 日の出湯

1928년 지어진 목조건물에 자리한 터줏대감 센토. 교토를 배경으로 한 영화 <마더워터>의 주요 배경인 오토메유オトメ湯의 실제 촬영 장소가 바로 이곳이다. 노렌을 젖히고 들어선 센토에는 과거로 회귀한 듯한 옛 시절의 풍경이 고스란히 남아 있다. 세월이 짙게 밴 나무 사물함과 거대한 철제 체중계, 등나무로 엮은 시원한 바닥까지. 히노데유는 온탕과 냉탕, 전기탕 등 기본적인 구성을 충실히 갖추고 있다. 그중 전류가 찌리릿 통하는 전기탕은 서둘러 몸을 담갔다간 화들짝 놀랄지도 모르니 발가락부터 서서히 넣어 보길. 괘종시계와 마네키네코, 간판을 모티브로 한 히노데유의 오리지널 타월은 기념품으로도 손색없다.

Data

주소 京都市南区西九条唐橋町26-6 **운영시간** 16:00~23:00
휴무일 목 **전화** 075-691-1464 **홈페이지** eonet.ne.jp/~hinodeyu/

후나오카 온센 船岡温泉

유형 문화재로 지정된 후나오카 온센의 역사는 1923년으로 거슬러 올라간다. 요리 료칸에 딸려 있던 목욕탕을 1947년부터 본격적인 대중탕으로 탈바꿈한 것이 후나오카 온센의 시작. 다른 센토와 달리 '온센(온천)'이라는 명칭이 붙은 건 1930년대 초 일본 최초로 전기탕을 도입하면서 특수 목욕이 가능한 곳으로 영업 허가를 받았기 때문이라고 한다. 유서 깊은 공간답게 후나오카 온센에는 눈여겨볼 만한 요소들이 곳곳에 남아 있다. 벽면을 화려하게 장식한 스페인식 마졸리카 타일과 통풍창을 수놓은 아름다운 조각은 이곳만의 특별한 볼거리다. 여탕과 남탕의 위치는 매일 번갈아 가며 바뀌는데 운이 좋으면 히노키탕이 있는 노천욕을 즐길 수 있다.

Data

주소 京都市北区紫野南舟岡町82-1
운영시간 월~토 15:00~01:00, 일 08:00~01:00 **휴무일** 무휴
전화 075-441-3735
홈페이지 funaokaonsen.net

7

교토를 음미하는 법

교토의 아침으로 초대합니다

조식

평소라면 챙겨 먹지 않을 아침식사를 여행지에서는 유난스레 챙기게 된다. 밥보다 잠이 우선인 오랜 습관도 조식 앞에서는 아무런 힘을 발휘하지 못하는 신기한 경험. 그런 까닭에 모닝세트 문화가 발달한 교토에서는 매일 아침 바지런히 일어나 킷사텐과 카페를 찾아 나섰다. 버터에 구운 토스트 혹은 갓 조리한 타마고산도, 샐러드, 핸드드립 커피의 조합은 모닝세트의 정석. 주문한 음식을 기다리며 다음 날 아침 식사를 고대하는 자신을 발견하더라도 결코 놀라지 말길.

이노다 커피 본점イノダコーヒ 本店

'교토의 아침은 이노다 커피의 향으로부터'라는 캐치프라이즈가 무색하지 않은 교토의 커피 명점. 1940년부터 교토의 커피 문화를 발전시켜 온 이노다 커피는 호텔식 조식을 방불케 하는 아침 식사 메뉴로 유명하다. 주말에는 오전 7시부터 웨이팅이 있을 정도로 인기인데, 더욱 놀라운 점은 그 행렬의 중심에 수십 년간 이곳을 드나들었을 중장년층 단골손님이 가득하다는 것. 크루아상과 스크램블에그, 샐러드, 이노다에서 특별히 의뢰한 본레스햄으로 구성된 플레이트는 조식의 정석이 무엇인지 보여준다.

 **Data**

주소 京都市中京区道祐町140
운영시간 07:00~18:00, 모닝 07:00~11:00
휴무일 무휴
메뉴 교노쵸쇼쿠京の朝食, 비프커틀렛샌드ビーフカツサンド, 아라비아 진주 커피アラビアの真珠 **전화** 075-221-0507
홈페이지 inoda-coffee.co.jp
SNS instagram.com/inodacoffee_kyoto_official

커피 하우스 마키 Coffee house maki

모닝 세트モーニングセット에 포함되어 나오는 토스트는 이곳만의 명물 메뉴다. 식빵 안쪽을 사각형으로 오려낸 뒤 삶은 계란, 오이, 햄, 양상추, 감자 샐러드를 꽃꽂이하듯 채워 넣은 담음새는 포크와 나이프 대신 카메라부터 먼저 들게 만든다. 신경 쓴 티가 역력한 데커레이션이라 어디부터 손을 대야 할지 망설여질 정도. 버터를 발라 바삭하게 구운 식빵 속까지 남김 없이 먹고 나면 허기졌던 배가 금세 차오른다. 보기 좋은 떡이 먹기도 좋다는 옛말에 새삼 동감하게 되는 기분 좋은 아침 식사.

Data

주소 京都市上京区河原町今出川上ル清龍町211
운영시간 08:30~17:00(L.O 16:30), 모닝 08:30~12:00 **휴무일** 화
메뉴 모닝 세트, 모닝 토스트モーニングトースト **전화** 075-222-2460
홈페이지 coffeehousemaki.jp

Data

주소 京都市東山区下柳町176
운영시간 모닝 08:00~11:00,
런치 • 카페 12:00~17:00
휴무일 부정기(홈페이지 확인)
메뉴 교노아사고항京の朝ごはん
(홈페이지 예약 필수)
전화 075-551-0463
홈페이지 rojiusagi.com
SNS instagram.com/cafe_rojiusagi

로지우사기 ろじうさぎ

가장 보통의 일본식 아침 상차림이 궁금하다면 로지우사기의 아침밥을 먹어보도록 하자. 고슬고슬한 쌀밥과 된장국, 연어구이, 계란말이, 반찬 2종으로 구성된 조식은 주문을 받은 뒤 조리를 시작해 갓 지은 음식 특유의 온기가 그득하다. 백 년이 훌쩍 넘은 마치야의 낡고 살가운 분위기 역시 이곳만의 정취. 이곳에선 마이코(게이코 견습생)와 관련된 다양한 프로그램도 열리는데 식당이 위치한 미야가와초宮川町는 기온을 포함한 교토의 5대 하나마치花街 중 하나이기도 하다. 로지우사기로 향하는 이른 아침, 연습을 나서는 마이코를 마주치게 될지도.

도미코지 카유텐 富小路粥店

여행지 조식이라면 당연히 "빵!"을 외치는 나 역시도 가끔은 밥이 고프다. 서걱거리는 입맛을 달래줄 따뜻하고 달큰한 쌀밥. 오반자이 식당으로 유명한 노포 오료리메나미御料理めなみ의 오너셰프가 오픈한 도미코지 카유텐은 중화풍 쌀죽이 일품이다. 중국, 대만, 태국 등 아시아 각지를 여행하며 맛있게 먹은 죽에서 영감을 받아 구현한 것. 대표 메뉴인 츄카토리카유中華とり粥는 곱게 뭉개진 쌀알의 부드러운 식감과 닭고기 육수의 감칠맛이 입맛을 돋운다. 숟가락을 놓을 즈음엔 이마에 땀이 송송 맺힐 정도. 기본으로 오반자이おばんざい(반찬) 3종이 제공되며 금액을 내면 추가할 수 있다. 미리 포장해 온 뒤 다음날 숙소에서 먹는 것도 좋은 방법.

Data

주소 京都市下京区徳正寺町41-2
운영시간 07:00~16:00 **휴무일** 수 **메뉴** 츄카토리카유, 다시마키だし巻き, 다이콘모치大根餅 **전화** 075-744-0662
SNS instagram.com/tominokouji_kayuten

쉬어가는 연습

가와라마치의 카페들

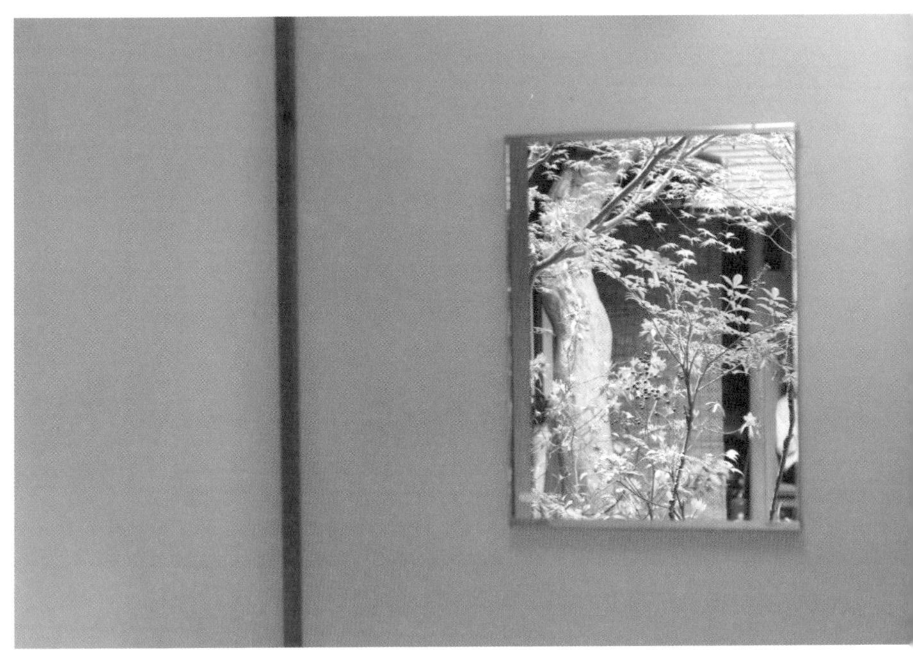

여행지의 어떤 장소들은 특별히 더 애틋하다. 한정된 시간의 일부를 그곳과 공유하기로 마음먹었기 때문이다. 내게는 카페가 그러한 장소다. 카페에서 나는 하릴없이 시간을 축내거나, 기껏해야 오늘 보고 산 것들을 휴대전화 메모장에 기록한다. 창에 맺힌 그림자와 종업원의 분주한 움직임을 마냥 관찰하는 날도 있다. 누군가는 '왜 굳이 여행에서' 라고 반문하겠지만 오히려 여행이기에 가능한 느슨한 선택이다. 교토의 가장 분주한 중심가 가와라마치 부근의 카페 몇 곳을 꼽아 보았다. 모두의 취향을 만족시킬 순 없겠지만 분주한 발걸음을 잠시나마 늦추는 데 부디 도움이 되길.

스마트 커피 スマート珈琲店

역사 깊은 노포를 비롯해 갤러리, 편집숍, 카페 등이 즐비한 데라마치도리는 연중 인파로 북적인다. 그 가운데 유독 긴 행렬로 궁금증을 자아내는 곳이 있으니 바로 스마트 커피. 가히 교토를 대표하는 카페라 불러도 손색없는 이곳은 1932년 양식 레스토랑으로 시작해 지금의 모습으로 자리 잡았다. 스위스 산장을 모티브로 한 공간, 나긋하면서도 프로패셔널한 손님맞이 그리고 핫케이크. 스마트 커피 하면 떠오르는 장면들이다. 특히 핫케이크ホットケーキ는 현 오너의 할머니이자 창업주의 아내가 개발한 레시피로 무려 90년을 이어온 인기 만점 메뉴다. 프렌치토스트フレンチトースト와 타마고산도 역시 빠트리면 아쉬운 메뉴. 2층에서는 스마트 런치를 즐길 수 있다.

Data

주소 京都市中京区天性寺前町537 **운영시간** 08:00~19:00, 런치 11:00~14:30
휴무일 1층 카페 무휴, 2층 식당 화 **메뉴** 핫케이크, 프렌치토스트, 타마고샌드위치タマゴサンドウィッチ
전화 075-231-6547
홈페이지 smartcoffee.jp

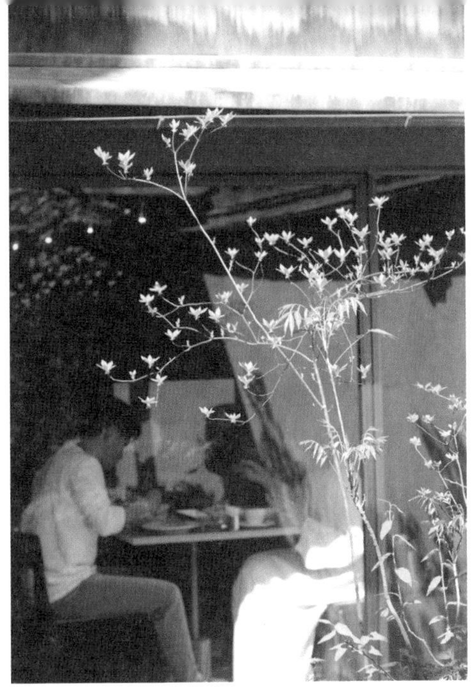

Data

주소 京都市中京区堺町通錦小路上る菊屋町519-1
운영시간 07:00~20:00, 모닝 07:00~11:00 **휴무일** 무휴
메뉴 숯불구이 토스트와 코지 버터炭焼きトースト 糀バター, 오가닉하우스블렌드 커피オーガニック ハウスブレンド
전화 075-748-1699
홈페이지 oc-ogawa.co.jp/nishiki
SNS instagram.com/ogawacoffee_nishiki

오가와 커피 사카이마치니시키텐

小川珈琲 堺町錦店

가정용 커피 시장의 국내 점유율 1위를 차지하며 일본의 커피 문화를 이끌어 온 오가와 커피가 창업 70주년을 맞아 새로운 매장을 열었다. 교마치야(교토의 전통가옥)의 공간적 요소는 살리되 가구부터 식기, 주문 방식(QR코드), 지속 가능한 커피 산업을 지향하는 마인드까지 노포의 과감한 시도가 흥미롭다. 넬드립으로 내린 커피와 함께 맛봐야 할 메뉴가 있다면 모닝타임에 제공되는 숯불구이 토스트. 르 프티 멕에서 개발한 교토산 식빵을 숯불에 구워 겉바속촉의 식감을 제대로 살렸다. 33종의 식물과 이끼를 심어놓은 아름다운 안뜰이 내다보이는 좌석에 앉을 수 있다면 하루치의 운을 다 써도 좋겠다.

위켄더스 커피 도미노코지 Weekenders coffee 富小路

일본 전역에 원두를 납품하는 로스터리 카페 위켄더스 커피는 공간의 위치부터 가히 심상치 않다. 공용 주차장의 안쪽 깊숙히 자리한 민가를 개조해 운영하고 있는 것. 교토의 여느 카페들이 그렇듯 이곳 역시 생각지도 못한 장소에서 제 존재감을 발휘하고 있다. 매장은 좌석이 없는 스탠드 방식으로 건물 바깥에 간이 벤치가 마련되어 있다. 자체 로스팅한 7종의 싱글 오리진과 블렌드 중에서 원두를 선택할 수 있으며, 에스프레소와 핸드드립 메뉴 모두 갖추고 있다. 더불어 고조 부근에 새로 오픈한 '위켄더스 커피 로스터리'에서는 고민가의 아늑한 정취를 느끼며 커피 타임을 즐길 수 있다.

Data

주소 京都市中京区富小路六角下ル西側骨屋之町560 **운영시간** 07:30~18:00 **휴무일** 수
메뉴 오늘의 드립 커피今日のドリップコーヒー, 카페라떼カフェラテ **전화** 075-746-2206
홈페이지 weekenderscoffee.com **SNS** instagram.com/weekenders_coffee

• 위켄더스 커피 로스터리 WEEKENDERS COFFEE ROASTERY
주소 京都市下京区松原通御幸町西入ル石不動之町682-7 **운영시간** 주말 10:00~17:00, 월~금 휴무

스텀프타운 커피 로스터스

Stumptown Coffee Roasters

미국 스페셜티 커피 문화를 이끌어가고 있는 스텀프타운 커피 로스터스를 교토에서도 맛볼 수 있게 됐다. 매장이 입점한 곳은 다름 아닌 에이스 호텔. 1920년대 교토 중앙 전화교환국을 리노베이션한 건물에 첫 아시아 지점을 낸 에이스 호텔과 이번에도 멋진 파트너십을 보여주었다. 호텔 라운지는 카페 이용객 역시 자유롭게 이용할 수 있는데 프리 와이파이의 존재나 노트북을 펼쳐 작업하는 모습이 신기하면서도 친숙하다. 교토의 카페에서는 흔히 볼 수 없는 장면이기 때문이다. 에이스 호텔과 연결된 종합쇼핑몰 신푸칸新風館에는 최근 가장 주목받는 브랜드가 다수 입점해 있다. 쇼핑과 휴식을 동시에 해결할 수 있는 교토의 몇 안 되는 공간.

Data

주소 京都市中京区車屋町245-2 Ace Hotel Kyoto 1F
운영시간 07:00~19:00
휴무일 무휴
메뉴 드립 커피ドリップコーヒー
전화 075-229-9000
홈페이지 stumptowncoffee.com/locations/kyoto/ace-kyoto

폭신한 한입의 행복

타마고산도

일본의 요깃거리 중 한 가지만 꼽으라면 단연 타마고산도玉子サンド를 들고 싶다. 흔히 계란 샌드위치라 하면 으깬 계란과 다진 채소, 마요네즈의 조합을 떠올리지만, 타마고산도는 촉촉하게 익힌 스크램블에그가 그 자리를 대신한다. 계란의 두께와 맛, 익힘의 정도는 레시피마다 천차만별. 어떤 조리법을 따르느냐에 따라 푸딩처럼 탱글한 스타일 혹은 폭신한 계란말이 스타일이 완성된다. 일반 편의점에서도 손쉽게 구입할 수 있지만 이왕이면 갓 조리된 타마고산도를 맛보길. 훈훈한 온기를 품은 타마고산도는 여행의 피로를 단숨에 날리는 놀라운 힘을 지니고 있다.

라 마드라그 la madrague

시그니처 메뉴 코로나노타마고샌드위치コロナの玉子サンドイッ는 두께면에서 단연 압도적이다. 도톰하게 만 오믈렛을 양쪽의 식빵이 간신히 받치고 있는 느낌이랄까. 포크와 나이프를 함께 내줄 만 하다. 라 마드라그에는 샌드위치만큼이나 흥미로운 뒷이야기가 전해진다. 1963년 오픈한 '카페 세븐'이 주인의 타계와 동시에 문을 닫게 되자 지금의 주인 부부가 라 마드라그라는 이름으로 그 명맥을 이어받은 것. 계란 샌드위치 역시 최근 폐업한 레스토랑 '코로나'의 메뉴를 전수받았다. 잊혀질 뻔한 교토의 한 시절이 계란 샌드위치에 담겨 있는 셈이다. 아쉬운 점이라면 라 마드라그의 명물 샌드위치를 먹기 위해선 긴 웨이팅을 감수해야 한다는 것. 전화 혹은 매장에서 직접 예약할 수 있다.

 **Data**

주소 京都市中京区押小路通西洞院東入ル北側 **운영시간** 모닝 08:00~11:00, 런치 12:00~18:00
휴무일 일 **메뉴** 코로나노타마고샌드위치, 텟팡나폴리탄鉄板ナポリタン
전화 075-744-0067 **홈페이지** madrague.info **SNS** facebook.com/lamadrague.kyoto

모모하루 百春 cafe momoharu

마치 눈에 띄지 않겠다고 작심이라도 한 듯 고요히 자리하고 있는 카페다. '조용한 시간을 즐겨 달라'는 메모처럼 타마고산도를 기다리는 잠시 잠깐의 적막함이 위로가 된다. 신기한 건 모모하루의 타마고산도는 공간의 분위기와 무척 닮았다. 굽지 않아 폭신하게 씹히는 식빵과 이보다 더 알맞을 수 있을까 싶은 적정 온도의 오믈렛이 모나지 않게 서로 조화를 이룬다. 얇게 발린 짭조름한 소스가 빵과 오믈렛을 이어주는 키포인트.

주소 京都市中京区常盤木町55 種池ビル 2F
운영시간 11:00~17:00
휴무일 목
메뉴 타마고산도, 프렌치토스트, 모모블렌드百春ブレンド
전화 075-708-3437

야마모토 킷사 やまもと喫茶

스마트 커피, 이노다 커피와 함께 교토의 3대 커피로 불리는 마에다 커피에서 경험을 쌓은 마스터의 젊은 킷사텐. 외관의 아기자기한 모습과 달리 킷사텐의 클래식한 방식을 고스란히 따르고 있다. 야마모토 킷사의 쇼우타마고산도焼たまごサンド는 계란찜처럼 촉촉하게 익힌 오믈렛, 식빵 양면에 바른 마요네즈와 머스터드, 아삭하게 씹히는 오이의 조합이 특징이다. 여기에 진한 커피까지 더하면 만족스러운 한 끼 식사가 완성.

Data

주소 京都市東山区白川北通東大路西入ル石橋町307-2
운영시간 07:00~17:00, 모닝 07:00~11:00 **휴무일** 화 **메뉴** 쇼우타마고산도, 나폴리탄ナポリタン, 크림 소다クリームソー **SNS** instagram.com/yamamoto_kissa

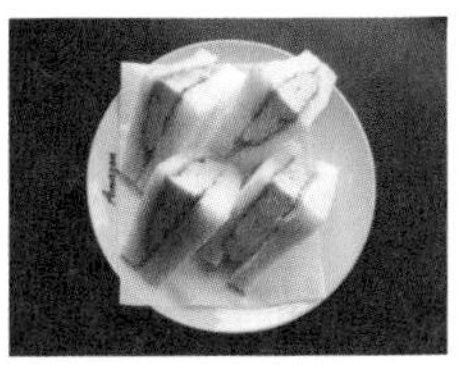

카페 아마존 CAFE AMAZON

교토역에서 가까워 여행 전후에 간단히 배를 채우기 좋다. 46년된 카페답게 1층은 마스터와 돈독한 관계를 맺은 단골들 차지. 대부분의 손님은 2층 공간으로 안내된다. 카페 아마존의 타마고산도는 결이 살아 있는 스크램블에그 스타일이다. 바싹 구운 겉면을 보고서 잠시 실망했지만 다행히 속살은 여전히 보들보들하다. 식빵 양면에는 소스의 정석인 케첩과 마요네즈를 발랐으며 얇은 햄 한 장을 추가해 풍미를 더했다. 양과 가격을 낮춘 하프 사이즈가 있어 부담 없이 즐길 수 있다.

 **Data**

주소 京都市東山区鞘町通七条上る下堀詰町235
운영시간 월, 화, 목~토 07:30~20:00(일 ~15:30)
휴무일 수
메뉴 믹스 토스트ミックストースト, 일본풍 토스트和風トースト
홈페이지 cafe-amazon-kyoto.com

여행과 일상 사이의 징검다리

오미야게

여행에서 돌아와 그 도시에서 산 식료품이나 디저트를 꺼내 나눠 먹는 순간을 즐긴다. 그날의 맛을 곱씹으며 다시 한번 추억을 회상하는 것이다. 여행과 일상 사이의 징검다리랄까. 아직 채 가시지 않은 여운과 생활이 중첩되는 구간을 잘 누리고 나서야 비로소 여정이 마무리되는 기분이 든다. 교토의 맛은 물론 멋까지 함께 깃든 기념품을 고심해서 골라 보았다.

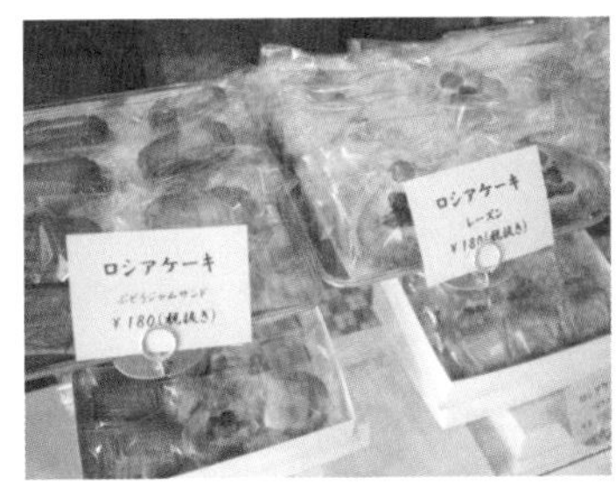

GOODS

카카오365 加加阿365
교노소라 きょうの宙

기요미즈데라, 기온, 도지 등 교토의 명소 이미지를 형상화한 봉봉 오 쇼콜라. 다녀간 장소를 떠올리며 쇼콜라를 고르는 과정마저 사랑스럽다.

살롱 드 로얄 교토 Salon de Royal Kyoto
말차 티라미수 초콜렛 抹茶ティラミスチョコレート

1935년 창업해 일본 초콜렛 시장을 개척해 온 유서 깊은 명점. 소포장된 넛츠 계열 초콜렛은 선물용으로 제격이다.

하쿠 ハク
신슈 真朱

드라이드토마토에 초콜렛이 발린 스위츠. 선물을 전하고 싶은 소중한 사람이 있다면 하쿠의 어떤 화과자든 추천한다. 가격대가 높지만 정성스러운 포장과 맛은 그럴 만한 가치가 있다.

토쇼앙 都松庵
블루보틀 요캉 ブルーボトル羊羹

앙코(팥) 스위츠 전문점 토쇼앙과 블루보틀의 콜라보레이션 양갱. 드라이드 무화과, 호두, 시나몬을 넣어 오직 '커피를 위한 양갱'을 완성했다.

우추 와가시 UCHU wagashi

오초보 미니 ochobo mini

와삼봉(사탕수수에서 추출한 고급 설탕)과 곡물가루를 섞어 틀에 찍어낸 화과자. 혀에 닿는 순간 사르르 녹아내린다. 차에 곁들이는 다식으로 추천.

나카무라 세이안쇼 中村製餡所

모나카 세트 最中セット

1908년부터 팥소를 전문으로 만들어 온 나카무라의 츠부앙 모나카 세트. 바삭한 모나카피(플레인·호지차)에 통팥소를 양껏 넣어 먹는 재미가 즐겁다. 본점 외에도 주말마다 디앤드디파트먼트 교토에서 구매할 수 있다.

로쿠쥬안 시미즈 緑寿庵清水

콘페이도 こんぺいとう

4대째 전수된 기술로 완성되는 장인의 별사탕. 1546년 포르투갈에서 건너온 이국의 과자는 너무도 귀해서 제조법조차 비밀이었다고.

만게츠 満月

아자리 모치 あじゃりもち

팥소로 속을 채운 외형이 도라야키를 닮았지만 좀 더 쫀득쫀득한 식감이다. 본점 외에 다이마루백화점, JR이세탄에서도 살 수 있지만 금세 매진되니 서둘러 방문할 것.

우리가 교토를 사랑하는 이유

2023년 12월 25일 초판 1쇄 펴냄

지은이 송은정
발행인 김산환
책임편집 윤소영
디자인 윤지영
펴낸곳 꿈의지도
출력 태산아이
인쇄 다라니
종이 월드페이퍼

주소 경기도 파주시 경의로 1100, 604호
전화 070-7535-9416
팩스 031-947-1530
홈페이지 blog.naver.com/mountainfire
출판등록 2009년 10월 12일 제82호

ISBN 979-11-6762-084-2

이 책의 판권은 지은이와 꿈의지도에 있습니다.
지은이와 꿈의지도 허락 없이는 어떠한 형태로도 이 책의 전부, 또는 일부를 이용할 수 없습니다.
※ 잘못된 책은 구입하신 곳에서 바꾸시면 됩니다.